国家执业药师资格考试
药学综合知识与技能押题秘卷

《药学综合知识与技能押题秘卷》编委会 编

中国中医药出版社
·北 京·

图书在版编目（CIP）数据

药学综合知识与技能押题秘卷/《药学综合知识与技能押题秘卷》编委会编．—北京：中国中医药出版社，2019.1

（执业药师资格考试通关系列）

ISBN 978-7-5132-5277-5

Ⅰ.①药… Ⅱ.①药… Ⅲ.①药物学-资格考试-习题集 Ⅳ.①R9-44

中国版本图书馆 CIP 数据核字（2018）第 236434 号

中国中医药出版社出版

北京市朝阳区北三环东路 28 号易亨大厦 16 层
邮政编码　100013
传　真　010-64405750
山东临沂新华印刷物流集团有限责任公司印刷
各地新华书店经销

开本 787×1092　1/16　印张 6.25　字数 144 千字
2019 年 1 月第 1 版　2019 年 1 月第 1 次印刷
书号　ISBN 978-7-5132-5277-5
定价　49.00 元
网址　www.cptcm.com

答 疑 热 线　010-86464504

购 书 热 线　010-89535836

维 权 打 假　010-64405753

微信服务号　zgzyycbs
微商城网址　https://kdt.im/LIdUGr
官方微博　http://e.weibo.com/cptcm
天猫旗舰店网址　https://zgzyycbs.tmall.com

如有印装质量问题请与本社出版部联系（010-64405510）
版权专有　侵权必究

使用说明

为进一步贯彻国家人力资源和社会保障部、国家药品监督管理局关于执业药师资格考试的有关精神,进一步落实执业药师资格考试的目标要求,帮助考生顺利通过考试,我们组织高等医药及中医药院校相关学科的优秀教师团队,依据国家执业药师资格认证中心2015年2月最新颁布的考试大纲及2018年4月对药事管理与法规科目大纲部分调整内容编写了相应的《执业药师资格考试通关系列丛书》。

本书含6套标准试卷,按照最新版大纲调整后的各学科知识点及新增题型要求(C型题)编写,根据历年真卷筛选出易考易错题,通过对历年真卷考点分布的严格测算进行设计,力求让考生感受最真实的执业药师资格考试命题环境,使考生在备考时和临考前能够全面了解自身对知识的掌握情况,做到查缺补漏、有的放矢。同时供考生考前自测,通过6套试卷的练习熟悉考试形式、掌握考试节奏、适应考试题量、巩固薄弱环节,确保考试顺利通过。

目 录

■ 药学综合知识与技能押题秘卷（一）（共 13 页）

■ 药学综合知识与技能押题秘卷（二）（共 12 页）

■ 药学综合知识与技能押题秘卷（三）（共 12 页）

■ 药学综合知识与技能押题秘卷（四）（共 13 页）

■ 药学综合知识与技能押题秘卷（五）（共 13 页）

■ 药学综合知识与技能押题秘卷（六）（共 13 页）

试卷标识码:

国家执业药师资格考试

药学综合知识与技能
押题秘卷（一）

考生姓名：_____

准考证号：_____

考　　点：_____

考　场　号：_____

药学综合知识与技能押题秘卷(一)

一、A型题（单句型最佳选择题）

答题说明

以下每一道考题下面有 A、B、C、D、E 五个备选答案。请从中选择一个最佳答案。

1. "药学服务具有很强的社会属性"，其中"药学服务的对象"是指
   A. 住院患者
   B. 门诊患者
   C. 家庭患者
   D. 社区患者
   E. 全社会使用药物的患者

2. 以下所列术语中，描述"现代药学发展史上第三阶段特征"最正确的是
   A. 药物创新
   B. 剂型改革
   C. 实施药学服务
   D. 参与临床用药
   E. 保障特殊患者用药

3. 以下有关药学服务理想目标的叙述，最正确的是
   A. 提高患者用药的有效性
   B. 提高患者用药的安全性
   C. 提高患者用药的经济性
   D. 改善和提高人类生活质量
   E. 向公众提供直接的、负责的服务

4. 关于药品召回的描述，错误的是
   A. 药剂科各部门负责将药品收回
   B. 药库负责接受各部门退回的药品
   C. 召回药品与其他药品一起存放
   D. 药品质量安全管理小组进行审批工作
   E. 质量部人员负责药品召回工作的组织、协调、检查和监督

5. 一位巨幼细胞贫血患儿肌内注射维生素 B_2（0.5mg/mL），一次适宜剂量为 25~50μg，应抽取的药液是
   A. 0.025~0.05mL
   B. 0.05~0.10mL
   C. 0.10~0.20mL
   D. 0.15~0.30mL
   E. 0.20~0.40mL

6. 处方的法律意义在于
   A. 因开具处方造成的医疗差错或事故，医师负有法律责任
   B. 因调配处方造成的医疗差错或事故，药师负有法律责任
   C. 因开具处方或调配处方所造成的医疗差错或事故，医师和药师分别负有相应的法律责任
   D. 医师具有诊断权和开具处方权，但无调配处方权
   E. 药师具有审核、调配处方权，但无诊断权和开具处方权

7. 下列有关"书写处方药品用量"的各项要求中，最正确的是
   A. 按照药品说明书用量
   B. 以阿拉伯数字书写药品剂量
   C. 以罗马数字书写药品剂量
   D. 书写药品用量必须使用统一单位
   E. 超剂量用药不能超过药品说明书中的用量

8. 发生药品调配差错的应对原则是
   A. 核对－报告－调查－改进措施
   B. 报告－调查－核对－改进措施
   C. 报告－调查－改进措施
   D. 报告－核对－调查－改进措施

E. 调查－核对－报告－改进措施

9. 在病理情况下,便隐血可见于
   A. 骨折
   B. 痛风
   C. 胰腺炎
   D. 消化道溃疡
   E. 脂肪或酪蛋白食物消化不良

10. 若尿液中出现葡萄糖,说法不正确的是
    A. 血糖水平过高
    B. 肾小球滤过葡萄糖速度过快
    C. 近端肾小管重吸收葡萄糖过慢
    D. 肾小球滤过葡萄糖量超过肾小管重吸收的最大能力
    E. 泌尿系统感染(膀胱炎、尿道炎)

11. 以下病症中,最常表现出白细胞计数高于正常参考范围的是
    A. 病毒感染
    B. 疟原虫感染
    C. 革兰阴性菌感染
    D. 结核分枝杆菌感染
    E. 金葡菌、肺炎链球菌等化脓菌感染

12. 在人体白细胞群体中,中性粒细胞(DC)的正常比例范围是
    A. 0.50～0.70
    B. 0.20～0.40
    C. 0.03～0.08
    D. 0.01～0.05
    E. 0～0.01

13. 尿酸度增高,下列因素不正确的是
    A. 代谢性或呼吸性碱中毒
    B. 感染性膀胱炎,长期呕吐
    C. 草酸盐和磷酸盐结石症
    D. 应用酸性药物,例如维生素C等
    E. 应用碱性药物,例如碳酸氢钠、乳酸钠等

14. 有关尿比重的叙述,说法不正确的是
    A. 尿比重系指在4℃时,尿液与同体积纯水的重量之比
    B. 尿比重数值的大小取决于尿液中溶解物质(尿素、氯化钠)的浓度
    C. 尿比重参考范围:成人晨尿比重1.015～1.025 干化学试带法
    D. 慢性肾炎、慢性肾功能不全、慢性肾盂肾炎等尿比重增高
    E. 急性肾小球肾炎、心力衰竭、糖尿病等尿比重也增高

15. 以下肝功能检查项目的缩写中,代表血清天门冬氨酸氨基转移酶的是
    A. GT
    B. AST
    C. ALT
    D. ASP
    E. AIP

16. 药物治疗选择的基本原则不包括
    A. 安全性
    B. 有效性
    C. 经济性
    D. 方便性
    E. 多样性

17. 血清尿素氮增高的临床意义,说法不正确的是
    A. 慢性肾炎、严重的肾盂肾炎等肾脏疾病
    B. 泌尿系统结石
    C. 前列腺疾病使尿路梗阻
    D. 脱水、高蛋白饮食
    E. 急性肝萎缩、中毒性肝炎等

18. 关于红细胞下列说法不正确的是
    A. 红细胞是血液中数量最多的有形成分
    B. 红细胞作为呼吸载体,能携带和释放氧气至全身各个组织

C. 红细胞同时运输二氧化碳,协同调节维生素酸碱平衡和免疫黏附作用

D. 免疫黏附作用可增强吞噬性白细胞对微生物的吞噬作用

E. 增强抗原抗体复合物

19. 尿酸的临床意义,叙述不正确的是
   A. 尿酸增高见于痛风疾病
   B. 核蛋白代谢增强表现为尿酸增高
   C. 食用高嘌呤食物、木糖醇摄入过多会引起生理性尿酸增高
   D. 高糖、高脂肪饮食会引起尿酸增高
   E. 尿酸减少见于肾功能不全,痛风发作前期

20. 对尿液的叙述,说法不正确的是
   A. 正常人每日排出尿液1000~2000mL
   B. 尿量多少主要取决于肾小球滤过率和肾小球的重吸收
   C. 尿液97%为水分,在3%的固体物质中,主要有有机物和无机物
   D. 正常人的尿量变化幅度与饮水量和排汗量有关
   E. 正常尿液量为黄色或淡黄色,清澈透明,新鲜尿液呈弱碱性

21. 以下不同人群中,白细胞或红细胞计数正常参考范围数值最高的是
   A. 新生儿
   B. 儿童
   C. 6个月~2岁儿童
   D. 男性成人
   E. 女性成人

22. 血小板计数,参考范围是
   A. $(100~150)\times10^9/L$
   B. $(100~200)\times10^9/L$
   C. $(100~250)\times10^9/L$
   D. $(100~300)\times10^9/L$

   E. $(100~350)\times10^9/L$

23. 使用肠内营养剂的禁忌症是
   A. 不完全肠梗阻
   B. 高排泄量的瘘
   C. 克罗恩病
   D. 食管瘘
   E. 放射性肠炎

24. 以下维生素类药物中,最可能导致血红蛋白增多的是
   A. 维生素 A
   B. 维生素 C
   C. 维生素 D
   D. 维生素 E
   E. 维生素 K

25. 血清天门冬氨酸氨基转移酶(AST)的正常参考范围是
   A. <40U/L
   B. 成人<60U/L
   C. 速率法:<40U/L
   D. 速率法:成人<40U/L
   E. 速率法:成人<60U/L

26. 下列药物中,一般不会出现肝毒性的药物是
   A. 红霉素
   B. 水杨酸
   C. 异烟肼
   D. 氯丙嗪
   E. 氨苄西林

27. 以下便常规细胞镜检结果,能提示患者大量或长期应用广谱抗生素的是
   A. 发现真菌
   B. 发现红细胞
   C. 发现上皮细胞
   D. 白细胞增多

E. 吞噬细胞增多

28. 目前控制哮喘最有效的药物是
   A. 糖皮质激素
   B. 沙丁胺醇
   C. 孟鲁司特
   D. 氨茶碱
   E. 异丙托溴铵

29. 助消化药不宜与抗菌药物、吸附剂同时服用,如必须联用,应间隔
   A. 1 小时
   B. 1.5 小时
   C. 2 小时
   D. 1~3 小时
   E. 2~3 小时

30. 有心功能不全史的患者解热镇痛应慎用布洛芬,其主要原因是用药后可能发生
   A. 过敏反应
   B. 重度肝损伤
   C. 急性肾衰竭
   D. 尿潴留和水肿
   E. 电解质平衡失调

31. 以下有关缺铁性贫血的原因中,最正确的是
   A. 缺乏叶酸,红细胞减少
   B. 缺乏维生素 B_{12},红细胞减少
   C. 缺乏铁元素,红细胞减少
   D. 铁元素缺乏,血红蛋白合成减少
   E. 红细胞减少,血红蛋白合成减少

32. 高热是指
   A. 直肠温度超过 37.6℃
   B. 口腔温度超过 37.3℃
   C. 腋下温度超过 37.0℃
   D. 昼夜体温波动超过 1℃
   E. 超过 39℃

33. 麻黄碱滴鼻剂的主要适应证是
   A. 鼻腔干燥
   B. 过敏性鼻炎
   C. 萎缩性鼻炎
   D. 鼻黏膜肿胀
   E. 药物性鼻炎

34. 以下用于治疗寻常痤疮的药物中,属于非处方药的是
   A. 维胺酯
   B. 异维 A 酸
   C. 多西环素
   D. 过氧苯甲酰
   E. 葡萄糖酸锌

35. 治疗脓疱疮以外用药涂敷为主的原理是
   A. 高锰酸钾溶液具有杀菌作用
   B. 脓疱疮痂皮不厚可直接涂敷药物
   C. 口服抗菌药物达不到有效药物浓度
   D. 伴随有全身症状者少
   E. 脓疱疮好发于头、面颊、颈或四肢等暴露部位

36. 在洋地黄引起房室传导阻滞时,下列哪项处理不妥当
   A. 维持对原有疾病的治疗
   B. 停用洋地黄
   C. 禁止使用普奈洛尔、维拉帕米等
   D. 氯化钾静脉点滴
   E. 必要时可以使用阿托品

37. 下列药物中,患胸膜炎伴胸痛的咳嗽患者宜选用的药物是
   A. 可待因
   B. 羧甲司坦
   C. 苯丙哌林
   D. 喷托维林
   E. 右美沙芬

38. 关于常用抗高血压药的种类,说法不正确的是
   A. 氢氯噻嗪属于利尿药类
   B. 普萘洛尔属于β受体阻断剂(β-RB)类
   C. 卡托普利属于血管紧张素转换酶抑制剂(ACEI)类
   D. 氯沙坦属于血管紧张素Ⅱ受体阻断剂(ARB)类
   E. 氨苯蝶啶属于钙通道阻滞剂(钙拮抗剂,CCB)类

39. 下列磺酰脲类降糖药中,降糖作用快且强的是
   A. 格列本脲
   B. 格列美脲
   C. 格列齐特
   D. 格列吡嗪
   E. 格列喹酮

40. 实施采用综合方案治疗糖尿病的过程中,居于首位的是
   A. 运动治疗
   B. 血糖监测
   C. 糖尿病健康教育
   D. 改善β细胞功能和减少组织对胰岛素的抵抗
   E. 保护和逆转胰岛β细胞功能,尽早药物治疗、联合治疗、胰岛素治疗

二、B型题(标准配伍题)

答题说明

以下提供若干组考题,每组考题共用在考题前列出的A、B、C、D、E五个备选答案。请从中选择一个与问题关系最密切的答案。某个备选答案可能被选择一次、多次或不被选择。

(41~43题共用备选答案)
   A. 重量比重量百分浓度[%(g/g)]
   B. 重量比体积百分浓度[%(g/mL)]
   C. 体积比体积百分浓度[%(mL/mL)]
   D. 摩尔浓度(mol/L)
   E. 克分子浓度(mol/L)

关于药物百分浓度表示法
41. 100%×溶质重量(g)/溶液重量(g)是
42. 100%×溶质重量(g)/溶液体积(mL)是
43. 100%×溶质重量(mL)/溶液体积(mL)是

(44~47题共用备选答案)
   A. 舒肝丸
   B. 止咳定喘膏
   C. 蛇胆川贝液
   D. 虎骨酒
   E. 小活络丹

关于中成药与化学药合用的配伍禁忌正确的是

44. 不宜合用甲氧氯普胺,其中芍药有解痉、镇痛作用,二者作用拮抗的是
45. 不能同服复方利舍平片、帕吉林,其中含麻黄素,会使动脉收缩,影响降压效果的是
46. 不宜同服苯巴比妥等镇静药,可加强中枢神经抑制作用而发生危险的是
47. 含乌头、黄连、贝母等生物碱成分,不宜合用阿托品、咖啡因、氨茶碱,同服易出现药物中毒的是

(48~50题共用备选答案)
   A. 红霉素片
   B. 莫匹罗星软膏
   C. 林可霉素软膏
   D. 青霉素注射剂
   E. 复方新霉素软膏

48. 与红霉素作用拮抗的药品是

49. 不宜涂敷于眼部、鼻内的药品是
50. 长期大面积应用可能吸收中毒的药品是

(51~54 题共用备选答案)
A. 达到药品识别、鉴别、跟踪、查证的目的
B. 注意尊重患者隐私
C. 对贵重药品、麻醉药品等分别登记账卡
D. 查用药合理性,对临床诊断
E. 便于药师、护士和患者进行核对

51. 调配处方的注意事项是
52. 四查十对的内容是
53. 单剂量配发药品
54. 药品编码

(55~58 题共用备选答案)
A. 作用不同的靶点
B. 保护药品免受破坏
C. 促进机体的利用
D. 延缓或降低抗药性能
E. 降低药品的毒副作用和不良反应

55. 磺胺甲噁唑(SMZ)类抑制二氢叶酸合成酶,甲氧苄啶(TMP)抑制二氢叶酸还原酶,二者联用使细菌叶酸代谢受到双重阻断,抗菌作用增强,是属于
56. 克拉维酸钾、舒巴坦为 β-内酰胺酶抑制剂,使青霉素类、头孢菌素类 β-内酰胺环免受破坏,活性增强,是属于
57. 维生素 C 促使铁剂转变为二价铁,二者联用增加铁吸收,是属于
58. 青蒿素可诱发抗药性,联用乙胺嘧啶、磺胺多辛可延缓青蒿素抗药性,是属于

(59~61 题共用备选答案)
A. 紫杉醇
B. 谷胱甘肽
C. 对乙酰氨基酚复方制剂
D. 亚胺培南-西司他丁

E. 卡比多巴-左旋多巴

59. 泰能的主要成分是
60. 泰宁的主要成分是
61. 泰素的主要成分是

(62~64 题共用备选答案)
A. 甲硝唑
B. 地西泮
C. 阿司匹林
D. 口服降糖药
E. 氟尿嘧啶、甲氨蝶呤等抗肿瘤药

62. 饮酒可导致胃溃疡或出血发生率增加的药物是
63. 饮酒抑制乙醛脱氢酶,以致使呈现"双硫仑样反应"的药物是
64. 饮酒干扰胆碱的合成,可致使肝毒性、神经毒性增加的药物是

(65~67 题共用备选答案)
A. 青春期引起
B. 用药引起
C. 痤疮丙酸杆菌引起
D. 大量出汗引起
E. 毛囊口角化引起
关于寻常痤疮的病因

65. 皮脂聚集在毛囊内是
66. 厌氧环境下在毛囊内大量繁殖是
67. 角栓形成,皮脂潴留成为粉刺是

(68~70 题共用备选答案)
A. 治疗指数
B. 内在活性
C. 效价
D. 安全指数
E. 亲和力

68. 评价药物安全性的可靠指标是
69. 评价药物作用强弱的指标是
70. 决定药物是否与受体结合的指标是

(71~74题共用备选答案)
A. 影响胞浆膜通透性
B. 与核蛋白体30S亚基结合,抑制蛋白质的合成
C. 与核蛋白体50S亚基结合,抑制移位酶的活性
D. 与核蛋白体50S亚基结合,抑制肽酰基转移酶的活性
E. 特异性地抑制依赖于DNA的RNA多聚酶的活性

71. 利福平的抗菌作用机制是
72. 红霉素的抗菌作用机制是
73. 四环素的抗菌作用机制是
74. 氯霉素的抗菌作用机制是

(75~77题共用备选答案)
A. 碘苷滴眼剂
B. 羟苄唑滴眼剂
C. 两性霉素B滴眼剂
D. 多黏菌素滴眼剂
E. 左氧氟沙星滴眼剂

75. 治疗真菌性角膜炎的处方药是
76. 治疗铜绿假单胞菌性结膜炎的处方药是
77. 治疗由急性卡他性结膜炎转成的慢性结膜炎的处方药是

(78~81题共用备选答案)
A. 应置于冷暗处贮存
B. 须用肠溶衣片整片吞下
C. 不宜与抗酸药同服
D. 餐前1小时服用
E. 服用过量可能发生腹泻

关于助消化用药的注意事项
78. 酶或活菌制剂的消化药,因不耐热或易于吸湿
79. 胰酶制剂的消化药,在酸性条件下易被破坏,因此
80. 胃蛋白酶制剂,在弱酸性环境(pH1.5~2.5)中消化力最强,因此
81. 多潘立酮服用应注意

(82~85题共用备选答案)
A. 左旋咪唑
B. 西地碘含片
C. 甲硝唑含漱剂
D. 氯己定含漱剂
E. 地塞米松粘贴片

82. 对碘过敏者禁用的是
83. 含漱后至少间隔30分钟才可刷牙的是
84. 频繁应用可使局部组织萎缩,口腔内真菌感染者禁用的是
85. 用后可有食欲缺乏、口腔异味、恶心、呕吐、腹泻等反应的是

三、C型题（综合分析选择题）

答题说明

以下提供若干个案例,每个案例下设若干个考题。每一道考题下面有A、B、C、D、E五个备选答案。请从中选择一个最佳答案。

(86~88题共用题干)

我国是高血压大国,估计全国现在患者为2亿,比1991年增加1亿多,高血压发病呈明显的上升趋势。高血压每年在全球造成的死亡超过700万例。和发达国家相比,我国在高血压防控方面的最大挑战是提高控制率。我国人群高血压控制率低的最主要的原因是治疗率低。2002年全国抽样调查检出的高血压患者中75%从未服用降压药物,19%服药但未能控制达标,只有6%服药且控制达标。

86. 关于高血压的发病机制错误的是
 A. 心输出量增加

B. 血管平滑肌内钠离子水平增高
C. 交感神经活动增强
D. 血管内皮细胞 NO 生成增加
E. 肾素-血管紧张素-醛固酮系统异常

87. 根据药物相互作用对临床药效学的影响，普萘洛尔联用硝苯地平抗高血压属于
   A. 协同作用
   B. 拮抗作用
   C. 敏感化作用
   D. 减少不良反应
   E. 增加毒性或 ADR

88. 以下抗高血压药物中，对男性患者可产生明显不良反应的是
   A. 呋塞米
   B. 地尔硫䓬
   C. 美托洛尔
   D. 吲达帕胺
   E. 甲基多巴

(89~91题共用题干)

患者，男，54岁，慢性咳嗽、咳痰10年，气急3年，逐渐加重。X胸片显示肋间隙增宽，两肺透亮度增加，右上圆形透亮区，两下肺纹理增粗、紊乱，体格检查后诊断为慢性阻塞性肺炎。

89. 下列关于慢性阻塞性肺病的临床表现不正确的是
   A. 咳嗽
   B. 咳痰，伴感染时为浓痰，剧烈咳嗽时痰中可带血
   C. 可出现进行性加重的呼吸困难
   D. 再严重也不会出现呼吸衰竭
   E. 有桶状胸

90. Ⅰ级 COPD 宜选用
   A. 长效支气管平滑肌松弛剂
   B. 短效支气管平滑肌松弛剂
   C. 吸入型肾上腺糖皮质激素
   D. 全身性肾上腺糖皮质激素
   E. 白三烯受体拮抗剂

91. COPD 治疗药，禁用于活动性消化溃疡者

的是
   A. 氨茶碱
   B. 多索茶碱
   C. 色甘氨酸
   D. 二羟丙茶碱
   E. 茶碱缓释片

(92~96题共用题干)

男性，35岁，因间断上腹痛5年、加重1周来诊。患者自5年前开始间断出现上腹胀痛，空腹时明显，进食后可自行缓解，有时夜间痛醒，无放射痛，有嗳气和泛酸，常因进食不当或生气诱发，每年冬春季节易发病。1周前因吃凉白薯后再犯，腹痛较前重。发病以来无恶心、呕吐和呕血，饮食好，二便正常，无便血和黑便，体重无明显变化。既往体健，无肝肾疾病及胆囊炎和胆石症病史，无手术、外伤和药物过敏史。无烟酒嗜好。

92. 上述患者，胃镜检查结果最相关的病症是
   A. 胃食管反流病
   B. 胆结石
   C. 胆囊炎
   D. 胃酸分泌过多
   E. 十二指肠溃疡

93. 下列哪一项表现为胃恶性溃疡
   A. 周期性胃痛明显，无上腹包块
   B. 便隐血持续阳性
   C. 龛影直径<2.5cm，壁光滑，位于胃腔轮廓之外
   D. 胃液分析胃酸正常或偏低，但无真性缺酸
   E. 胃镜检查见溃疡圆或椭圆形，底平滑，边光滑，白或灰白苔，溃疡周围黏膜柔软，可见皱襞向溃疡集中

94. 导致消化性溃疡病的重要病因是
   A. 遗传因素
   B. 胃窦部幽门螺杆菌感染
   C. 化学物质的刺激
   D. 吸烟

E. 强烈的精神刺激

95. 下列关于胃溃疡和十二指肠溃疡叙述正确的是
    A. 胃溃疡发病以保护因素的增强为主；十二指肠溃疡发病则以攻击因素的增强为主
    B. 胃溃疡发病以保护因素的增强为主；十二指肠溃疡发病则以攻击因素的减弱为主
    C. 胃溃疡发病以保护因素的减弱为主；十二指肠溃疡发病则以保护因素的增强为主
    D. 胃溃疡发病以保护因素的减弱为主；十二指肠溃疡发病则以攻击因素的减弱为主
    E. 胃溃疡发病以保护因素的减弱为主；十二指肠溃疡发病则以攻击因素的增强为主

96. 下列有关用药正确的是
    A. 服用最高剂量二甲双胍的糖尿病患者，长期服用PPI，需补充维生素B12
    B. 溃疡活动期应停用胃黏膜损害药物
    C. 患者长期服用消化溃疡药物抗酸剂和铋剂，骨折住院后仍需继续服用
    D. 克拉霉素对Hp有效，对于患有心律失常的患者应慎用
    E. 胃溃疡发生率高于十二指肠溃疡的发生率

(97~100题共用题干)
排便在一日内超过3次，或粪便中脂肪成分增多，或带有未消化的食物、黏液、脓血者称为腹泻。腹泻是由多种不同病因所致，在应用止泻药的同时，实施对因治疗不可忽视。

97. 细菌性感染性腹泻禁用的是
    A. 胃蛋白酶
    B. 多潘立酮
    C. 洛哌丁胺
    D. 乳果糖
    E. 伪麻黄碱

98. 以下药品中，不属于治疗肠道菌群失调性腹泻的微生态制剂的是
    A. 双歧杆菌胶囊
    B. 地衣芽孢活杆菌
    C. 复方嗜酸乳杆菌片
    D. 双歧三联活菌胶囊
    E. 复方阿嗪米特肠溶片

99. 以下药物中用于治疗细菌感染性腹泻应首选的非处方药是
    A. 谷维素
    B. 黄连素
    C. 天麻素
    D. 磷霉素
    E. 麻黄素

100. 用于治疗因化学刺激引起的腹泻首选下列何种药物
    A. 药用炭
    B. 氢氧化铝
    C. 双八面蒙脱石
    D. 黄连素
    E. 鞣酸蛋白

四、X型题（多项选择题）

答题说明

以下每一道考题下面有A、B、C、D、E五个备选答案。请从中选择二个或二个以上的正确答案。

101. 下列适宜餐前服用的药物中，为了使药物迅速由胃转运到肠道中的是
    A. 降糖药
    B. 抗生素

C. 鞣酸蛋白

D. 磷酸盐类

E. 氢氧化铝等胃黏膜保护药

102. 处方前记包括

A. 患者一般情况

B. 患者年龄应当填写实足年龄,新生儿、婴幼儿写日、月龄,必要时要注明体重

C. 除特殊情况外,应当注明临床诊断,且临床诊断应填写清晰、完整,并与病历记载相一致

D. 每张处方限于一名患者的用药

E. 药品名称

103. 以下药品中,由权威性文献规定或提示应该做皮肤敏感试验的是

A. 抑肽酶注射剂

B. 降纤酶注射剂

C. α-糜蛋白酶注射剂

D. 白喉抗毒素注射剂

E. 复合维生素 B 注射剂

104. 关于"对药名、剂型、规格、数量"指的是

A. 处方调配四查十对的内容

B. 书写药袋或粘贴标签需标识的内容

C. 药品调配齐全后,与处方逐一核对的内容

D. 发药时应注意的内容

E. "四查十对"中查处方的内容

105. 下述检查项目与结果中,能够判断肾脏疾病的是

A. 血肌酐(Cr)增高

B. 血清尿素氮(BUN)增高

C. 血清碱性磷酸酶(ALP)增高

D. 血清丙氨酸氨基转移酶(ALT)增高

E. 血清天门冬氨酸氨基转移酶(AST)增高

106. 临床称为"大三阳"的乙型肝炎者血清学检查呈阳性的标志物有

A. 乙型肝炎病毒 e 抗体(HBeAb)

B. 血清 γ-谷氨酰转移酶(γ-GT)

C. 乙型肝炎病毒 e 抗原(HBeAg)

D. 乙型肝炎病毒表面抗原(HBsAg)

E. 乙型肝炎病毒核心抗体(HBcAb)

107. 临床实践证明,具有肝毒性的药物有

A. 利福平

B. 异烟肼

C. 氯丙嗪

D. 阿莫西林

E. 依托红霉素

108. 患者检出尿葡萄糖(GLU),可能提示的疾病是

A. 甲状腺功能亢进

B. 心肌梗死

C. 急性肾病

D. 烧伤、感染

E. 内分泌疾病

109. 嗜酸性粒细胞计数的临床意义是

A. 过敏性疾病嗜酸性粒细胞增多

B. 皮肤病与寄生虫病嗜酸性粒细胞增多

C. 应用罗沙替丁酸酯、咪达普利或头孢拉定、头孢氨苄等药物,嗜酸性粒细胞增多

D. 伤寒、副伤寒、大手术后、严重烧伤等,嗜酸性粒细胞减少

E. 长期应用肾上腺皮质激素或促皮质素等药物,嗜酸性粒细胞减少

110. 尿葡萄糖(阳性)多见于

A. 内分泌疾病、糖尿病、肾上腺皮质功能亢进等

B. 甲状腺功能亢进

C. 健康人短时间内过量进食糖类

D. 剧烈性运动后,头部外伤,肾上腺皮质激素用量过大

E. 原发性糖尿病

111. 血清三酰甘油的临床意义是
   A. 动脉硬化及高脂血症表现为血清三酰甘油增高
   B. 胰腺炎、肝胆疾病等表现为血清三酰甘油增高
   C. 长期饥饿或食用高脂肪食品等可造成三酰甘油增高
   D. 应用雌激素、甲状腺激素、避孕药可出现三酰甘油增高
   E. 甲状腺功能减退、肾上腺皮质激素功能减退,表现为血清三酰甘油减少

112. 以下血生化检查项目中,可提示患肾病综合征的是
   A. 总胆固醇升高
   B. 三酰甘油酯升高
   C. 低密度脂蛋白胆固醇升高
   D. 高密度脂蛋白胆固醇降低
   E. 低密度脂蛋白胆固醇降低

113. 发热的治疗药物有
   A. 对乙酰氨基酚
   B. 阿司匹林
   C. 布洛芬
   D. 贝诺酯
   E. 20% 安乃近溶液(处方药,5 岁以下儿童高热时滴鼻,可紧急退热)

114. 消化不良的病因包括
   A. 慢性胃炎、胃溃疡、十二指肠溃疡、胆囊炎、胰腺炎等引起
   B. 与进食过饱、进食油腻食物、饮酒过量有关
   C. 服用阿司匹林等影响食欲的药物
   D. 精神因素影响消化功能

E. 胃动力不足

115. 下列呈现鼻黏膜肿胀的疾病中,正确的是
   A. 感冒
   B. 面部创伤
   C. 鼻部畸形
   D. 鼻部过敏或感染
   E. 慢性鼻炎、慢性鼻窦炎、过敏性鼻炎患者所出现的继发症状

116. 对于紧张性头痛患者,推荐的治疗药物是
   A. 地西泮
   B. 谷维素
   C. 维生素 B_1
   D. 维生素 B_2
   E. 维生素 B_6

117. 治疗口腔溃疡的非处方药有
   A. 甲硝唑含漱剂
   B. 氯己定含漱剂
   C. 西地碘含片
   D. 甲硝唑口颊片
   E. 地塞米松粘贴片

118. "连续使用不宜超过 7 日,症状未缓解应咨询医师或就诊"的非处方药是
   A. 缓泻药
   B. 镇咳药
   C. 麻黄素(滴鼻)
   D. 解热镇痛药(解热)
   E. 地塞米松粘贴片

119. 内服甲硝唑与替硝唑治疗阴道炎禁用于
   A. 18 岁以下少女
   B. 哺乳期妇女
   C. 妊娠期初始 3 个月的妇女
   D. 过敏或其他硝基咪唑类药过敏者
   E. 有活动性中枢神经系统疾病和血液病者

120. 癫痫持续状态的治疗包括
　　A. 采取静脉用药
　　B. 昏睡期时改为侧卧位
　　C. 保持周围安静
　　D. 首选苯妥英钠
　　E. 防治并发症

参 考 答 案

1. E	2. C	3. D	4. C	5. B	6. C	7. B	8. A	9. D	10. E
11. E	12. A	13. D	14. D	15. B	16. E	17. E	18. E	19. D	20. E
21. A	22. D	23. B	24. E	25. D	26. A	27. A	28. A	29. E	30. D
31. D	32. E	33. D	34. D	35. C	36. D	37. A	38. E	39. A	40. E
41. A	42. B	43. C	44. A	45. B	46. D	47. E	48. C	49. B	50. E
51. C	52. D	53. E	54. A	55. A	56. B	57. C	58. D	59. D	60. E
61. A	62. C	63. A	64. E	65. A	66. C	67. E	68. D	69. C	70. E
71. E	72. C	73. B	74. D	75. C	76. D	77. E	78. A	79. B	80. C
81. D	82. B	83. D	84. E	85. C	86. D	87. D	88. E	89. D	90. B
91. D	92. E	93. B	94. B	95. E	96. C	97. C	98. E	99. B	100. C

101. ABCD 102. ABCD 103. ABCDE 104. ABCD 105. AB
106. CDE 107. ABCE 108. ABDE 109. ABCDE 110. ABCDE
111. ABCDE 112. ABCD 113. ABCDE 114. ABCDE 115. ADE
116. ABC 117. ABCDE 118. ABE 119. ABCDE 120. ABCE

试卷标识码:

国家执业药师资格考试

药学综合知识与技能
押题秘卷（二）

考生姓名：＿＿＿＿＿＿＿＿

准考证号：＿＿＿＿＿＿＿＿

考　　点：＿＿＿＿＿＿＿＿

考 场 号：＿＿＿＿＿＿＿＿

一、A 型题（单句型最佳选择题）

答题说明

以下每一道考题下面有 A、B、C、D、E 五个备选答案。请从中选择一个最佳答案。

1. 以下有关"超适应证用药"的事例中，描述最正确的是
   A. 是指联合应用毒性大的药物
   B. 二甲双胍可用于非糖尿病患者减肥
   C. 应用两种或两种以上一药多名的药物
   D. 滥用糖皮质激素、白蛋白、二磷酸果糖
   E. 2～3 种抗菌物联用或超剂量、超范围应用

2. 以下有关联合用药的叙述中，最合理的是
   A. 给病人无根据地使用多种药物
   B. 为减少药物不良反应而联合用药
   C. 合用含有相同活性成分的复方制剂
   D. 多名医师给同一病人开具相同的药物
   E. 提前续开具处方造成同时使用相同的药物

3. 关于患者用药咨询的方式，表述正确的是
   A. 只有医院药师才有义务向购药的患者讲授安全用药的知识
   B. 通过网站向大众宣传促进健康的小知识，是被动咨询的一部分
   C. 药师日常承接的咨询以主动咨询居多
   D. 药师咨询往往采用面对面的方式或借助其他通讯工具
   E. 药师在接受咨询时应通过封闭式提问了解更多患者的背景资料

4. 处方调配的五个程序为
   A. 收方、调配、划价、核查和发药
   B. 收方、划价、核查、调配和发药
   C. 收方、核查、划价、调配和发药
   D. 收方、划价、调配、核查和发药
   E. 收方、调配、核查、划价和发药

5. 以下所列给药途径中，通常临床治疗不轻易采用的是
   A. 外用给药
   B. 口服给药
   C. 皮内注射
   D. 肌内注射
   E. 静脉滴注

6. 在日常饮食因素中，对药物疗效影响最大的是
   A. 盐
   B. 醋
   C. 茶
   D. 糖
   E. 酒

7. "单个的样本量足够的随机对照试验结果"属于循证医学证据分类中的
   A. 一级证据
   B. 二级证据
   C. 三级证据
   D. 四级证据
   E. 五级证据

8. 以下有关处方具有法律性的叙述中，最正确的是
   A. 药师只具有调配处方权
   B. 医师只具有开具处方权
   C. 因处方造成医疗事故，医师应负有法律责任
   D. 因处方造成医疗差错，药师应负有法律责任
   E. 因处方造成医疗差错，医师、药师分别负有相应的法律责任

9. 当口服或注射给药呈现不规则的药物动力学时,可改用其他哪种剂型
   A. 散剂
   B. 栓剂
   C. 溶液剂
   D. 气雾剂
   E. 混悬剂

10. 以下所列属于调配差错的是
    A. 药名名称相似
    B. 处方辨认不清
    C. 药名外貌相似
    D. 调配时精神不集中
    E. 剂型或给药途径差错

11. 下述药物联用对临床药效学有影响的是
    A. 青蒿素联用乙胺嘧啶
    B. 阿托品联用甲氧氯普胺
    C. 丙磺舒联用青霉素
    D. 山楂丸联用胃舒平
    E. 丹参片联用复方氢氧化铝

12. 磺胺类药物之间存在交叉过敏反应,不正确的含义是
    A. 两种磺胺药不能同时使用
    B. 只要对一种磺胺药过敏,不可使用其他结构相似的药物
    C. 需注意含磺胺成分的复方制剂与磺胺类药物之间可能存在过敏反应
    D. 需注意利尿药和口服磺酰脲类降糖药与磺胺类药物之间可能存在过敏反应
    E. 对磺胺药过敏者,收方时要询问,做到用药安全

13. 应用蛋白酶抑制剂(雷托那韦、奈非那韦)后需要多饮水的主要机制是
    A. 患者伴血容量较低
    B. 减小用药部位刺激性
    C. 加快排泄,减小肾毒性
    D. 防止形成尿道结石或肾结石
    E. 缓解利尿、胆汁过度分泌和腹泻等副作用

14. 以下联合用药中,属于"药理作用拮抗"的是
    A. 肝素钠联用阿司匹林
    B. 庆大霉素联用呋塞米
    C. 青蒿素联用乙胺嘧啶
    D. 硫酸亚铁联用维生素C
    E. 甲苯磺丁脲联用氯噻嗪

15. 以下使用抗菌药物的处方中,属于过度治疗用药的是
    A. 超范围应用抗菌药
    B. 超剂量应用抗菌药
    C. 治疗咳嗽给予抗菌药
    D. 治疗流感给予抗菌药
    E. 滥用抗菌药物

16. 狭义的药物相互作用是指
    A. 体内的配伍变化
    B. 体外的配伍变化
    C. 体外的相互作用
    D. 体内的药理作用
    E. 体外的物理化学变化

17. 我国肺炎链球菌肺炎不应单独使用
    A. 青霉素类
    B. 头孢菌素类
    C. 大环内酯类
    D. β-内酰胺类
    E. 氟喹诺酮类

18. 正常情况下,人血白细胞群体中比例最小的分类细胞是
    A. 淋巴细胞
    B. 单核细胞
    C. 嗜酸性粒细胞
    D. 嗜碱性粒细胞

E. 中性粒细胞

19. 以下药物中,可能导致尿沉渣管型阳性的是
    A. 氯丙嗪
    B. 巯嘌呤
    C. 扑痫酮
    D. 多黏菌素
    E. 氨苄西林

20. 以下所列医学检查项目中,主要用于诊断急性胰腺炎的是
    A. 淀粉酶无变化
    B. 淀粉酶增高
    C. 淀粉酶减少
    D. 便隐血阳性
    E. 粪胆原阳性

21. 以下所列血清检查项目与结果中,能够初步诊断肾脏疾病的是
    A. 血肌酐(Cr)减少
    B. 血肌酐(Cr)增高
    C. 血清尿素氮(BUN)无变化
    D. 血清尿素氮(BUN)减少
    E. 血清碱性磷酸酶(ALP)增高

22. 阿尔茨海默病患者经常走错房间,外出不知归家,主要是因为
    A. 记忆障碍
    B. 行为紊乱
    C. 意识清晰度下降
    D. 思维紊乱
    E. 幻觉

23. 关于尿胆红素,说法不正确的是
    A. 正常尿液中不含有胆红素
    B. 尿胆红素的检出是显示肝细胞损伤和鉴别黄疸的重要指标
    C. 尿胆红素阳性多见于病毒性肝炎、肝硬化、酒精性肝炎等
    D. 尿胆红素阳性多见于阻塞性黄疸,如化脓性胆管炎、胆囊结石等
    E. 在临床上,尿胆红素检测就可以确诊肝胆疾病

24. 最可能导致尿肌红蛋白阳性的药物是
    A. 磺胺药
    B. 巴比妥类
    C. 吡罗昔康
    D. 秋水仙碱
    E. 吲哚美辛

25. 白细胞减少的临床意义,表现在疾病上主要见于
    A. 流行性感冒
    B. 各种细菌感染
    C. 恶性肿瘤
    D. 尿毒症
    E. 糖尿病酮症酸中毒

26. 以下所列医学指标中,评价肾功能的可靠指标是
    A. 尿素氮
    B. 尿胆红素
    C. 尿肌酐
    D. 血肌酐
    E. 尿液酸碱度

27. 以下所列药物中,最可能引起血小板减少的是
    A. 呋塞米
    B. 硝酸甘油
    C. 维生素 E
    D. 阿司匹林
    E. 对乙酰氨基酚

28. 以下"治疗口腔溃疡的适应证"中,最适宜选用硝酸银溶液的是

A. 对碘过敏者

B. 有较大的溃疡面

C. 反复发作患者

D. 儿童或青年患者

E. 口腔内真菌感染者

29. 治疗咳嗽用药注意事项,叙述不正确的是

A. 对于干性咳嗽可单用镇咳药;对痰液较多者应以祛痰为主,应与镇咳药合用祛痰剂,以利于痰液排出和加强镇咳效果

B. 对支气管哮喘时的咳嗽宜适当合用平喘药以缓解支气管痉挛,并辅助镇咳和祛痰药

C. 镇咳药连续口服1周,症状未缓解或消失可改用肾上腺皮质激素

D. 右美沙芬可引起嗜睡,驾车、高空作业或操作机器者宜谨慎用药;妊娠期妇女、严重高血压者、有精神病史者禁用

E. 青光眼、肺部淤血、心功能不全者及妊娠与哺乳期妇女应慎用喷托维林

30. 治疗腹泻的处方药有

A. 盐酸小檗碱(黄连素)

B. 胃蛋白酶

C. 环丙沙星

D. 复方嗜酸乳杆菌片

E. 双歧三联活菌胶囊

31. 下列病原体中,可导致沙眼的是

A. 大肠杆菌

B. 变形杆菌

C. 脲解支原体

D. 沙眼衣原体

E. 沙眼支原体

32. 使用地塞米松黏贴片或甲硝唑含漱剂治疗口腔溃疡的最主要不良反应是

A. 食欲缺乏

B. 偶见口干

C. 强刺激性

D. 使牙齿着色

E. 频繁或长期应用引起继发的真菌感染

33. 以下所列药物中,推荐用于治疗三叉神经痛的首选处方药是

A. 苯噻啶

B. 地西泮

C. 卡马西平

D. 舒马曲坦

E. 麦角胺咖啡因

34. 以下所列药物中,推荐用于治疗反复性偏头痛的处方药是

A. 谷维素

B. 地西泮

C. 维生素B

D. 阿司匹林

E. 麦角胺咖啡因片

35. 下列哪项是急性胆囊炎的主要病因

A. 严重创伤

B. 胆囊扭转

C. 胆囊结石

D. 胆囊管狭窄

E. 胆囊内蛔虫

36. 下列不是常用缓泻药的作用机制的是

A. 润湿性

B. 刺激性

C. 容积性

D. 膨胀性

E. 润滑性

37. 以下治疗痛风的药物中,能抑制尿酸生成的是

A. 丙磺舒

B. 别嘌醇

C. 秋水仙碱

D. 泼尼松龙

E. 双氯芬酸

38. 非甾体抗炎药导致消化性溃疡病的主要机制是
   A. 促进胃酸分泌
   B. 抑制胃酸分泌
   C. 破坏胃黏膜屏障
   D. 影响胃十二指肠协调运动
   E. 减少十二指肠碳酸氢盐分泌

39. 以下饮食疗法治疗高脂血症的叙述不正确的是

A. 控制盐分摄入

B. 增加可溶性纤维摄入

C. 增加蛋白质或碳水化合物摄入

D. 选择能降低 LDL-C 的植物甾醇

E. 减少饱和脂肪酸和胆固醇的摄入（动物脂肪）

40. 下列抗高血压药物中，属于利尿药的是
   A. 缬沙坦
   B. 氨氯地平
   C. 维拉帕米
   D. 氨苯蝶啶
   E. 依那普利

二、B型题（标准配伍题）

答题说明

以下提供若干组考题，每组考题共用在考题前列出的 A、B、C、D、E 五个备选答案。请从中选择一个与问题关系最密切的答案。某个备选答案可能被选择一次、多次或不被选择。

（41~44题共用备选答案）
   A. 对症用药
   B. 过度治疗用药
   C. 非适应证用药
   D. 盲目联合用药
   E. 超适应证用药

41. 黄连素用于降低血糖
42. 无效果地应用肿瘤辅助治疗药
43. 罗非昔布用于预防结肠、直肠癌
44. 应用两种或两种以上一药多名的药物

（45~48题共用备选答案）
   A. 地西泮
   B. 硫糖铝
   C. 干酵母
   D. 胃蛋白酶
   E. 多潘立酮

45. 胃动力促进药是
46. 不宜与抗酸药同服的药物是
47. 消化不良病因为胃、十二指肠溃疡者服用的药物是

48. 必要时，消化不良病因为精神因素者服用的药物是

（49~52题共用备选答案）
   A. 胰岛素的吸收减少并降低胰岛素的作用
   B. 骨质疏松症
   C. 造成肝硬化或脂肪肝，使对药物代谢迟缓
   D. 生成难溶性化合物
   E. 在酸性条件下溶解度降低，出现尿闭和血尿

49. 长期大量饮用咖啡易致缺钙，诱发
50. 吸烟促使儿茶酚胺释放，导致
51. 服用补血药的同时大量饮茶，会使补血剂失效，是因为
52. 长期饮酒可影响药效的原因是

(53~56题共用备选答案)
A. 安定作用和降压效应
B. 敏感化现象
C. 胆碱能神经低下中毒症
D. 呼吸麻痹
E. 非竞争性拮抗作用

53. 氨基苷类抗生素(如新霉素)与硫酸镁合用,容易导致病人
54. 单胺氧化酶抑制剂与氯丙嗪合用,可增强
55. 排钾利尿药与强心苷配伍,易产生
56. 左旋多巴不宜与维生素B合用,主要原因为两者存在

(57~59题共用备选答案)
A. 地西泮
B. 阿司匹林
C. 苯妥英钠
D. 卡马西平
E. 麦角胺咖啡因片

57. 三叉神经痛患者首选的药品是
58. 推荐反复性偏头痛者服用的药品是
59. 推荐长期精神紧张而致紧张性头痛者应用的药品是

(60~62题共用备选答案)
A. 白细胞增多
B. 血小板增多
C. 血红蛋白减少
D. 淋巴细胞增多
E. 红细胞沉降率减慢

60. 大出血可见
61. 慢性粒细胞性白血病可见
62. 恶性肿瘤可见

(63~66题共用备选答案)
A. 成人<40U/L(速率法)
B. 成人<50U/L(速率法)
C. 男性<40U/L(速率法)
D. 男性≤50U/L(速率法)
E. 女性15岁以上40~150U/L(速率法)

63. 血清碱性磷酸酶正常参考范围是
64. 血清γ-谷氨酰转移酶正常参考范围是
65. 血清丙氨酸氨基转移酶正常参考范围是
66. 血清天门冬氨酸氨基转移酶正常参考范围是

(67~69题共用备选答案)
A. 尿酮体
B. 尿肌酐
C. 尿沉渣结晶
D. 尿血红蛋白
E. 尿液的酸碱度改变

67. 维生素C可能引起尿中出现
68. 阿司匹林可能引起尿中出现
69. 氨苄西林可能引起尿中出现

(70~72题共用备选答案)
A. 胰酶
B. 山莨菪碱
C. 洛哌丁胺
D. 左氧氟沙星
E. 双歧三联活菌制剂

70. 肠道菌群失调性腹泻宜选用
71. 细菌感染的急性腹泻宜选用
72. 由寒冷和各种刺激所致的激惹性腹泻宜选用

(73~75题共用备选答案)
A. 连续打喷嚏
B. 毛囊周围炎症
C. 有脓疱和脓痂
D. 鼻黏膜充血(鼻塞)
E. 大量清水样鼻涕

73. 脓疱疮可导致
74. 寻常痤疮可导致
75. 鼻黏膜肿胀可导致

(76~79题共用备选答案)
A. 地芬诺酯
B. 山莨菪碱片
C. 泛昔洛韦
D. 硝苯地平
E. 钙通道阻滞剂匹维溴铵

76. 治疗急慢性功能性腹泻首选
77. 治疗肠易激综合征选用
78. 治疗腹痛较重或反复呕吐腹泻可服
79. 治疗病毒性腹泻可选用

(80~83题共用备选答案)
A. 生理性增多
B. 病理代偿性增多
C. 继发性增多
D. 病理代偿性和继发性增多
E. 真性红细胞增多

红细胞绝对性增多的临床意义
80. 机体缺氧和高原生活,属于
81. 剧烈运动或体力劳动,属于
82. 高山病和肿瘤(肾癌、肾上腺肿瘤)患者,属于
83. 原因不明的慢性骨髓功能亢进,属于

(84~85题共用备选答案)
A. 胰酶
B. 乳酶生
C. 胃蛋白酶
D. 二甲硅油
E. 胰酶和碳酸氢钠

84. 因摄食蛋白质而致消化不良者宜服用
85. 摄食脂肪过多而致消化不良者可服用

三、C型题（综合分析选择题）

答题说明

以下提供若干个案例,每个案例下设若干个考题。每一道考题下面有 A、B、C、D、E 五个备选答案。请从中选择一个最佳答案。

(86~90题共用题干)
艾滋病是一种危害极大的传染病,由HIV病毒引起。根据相关部门统计,2012年,中国艾滋病死亡人数高达11575人,发病人数排在世界第五位,为41929人。全球艾滋病新发感染和死亡人数都在下降,而根据2014年的流行病学调查显示,我国新发感染人数在增加,总感染人数在增加,死亡人数也在增加。

86. WHO公布的有关艾滋病传播途径,说法不正确的是
A. 握手
B. 吸毒
C. 母婴
D. 性行为
E. 血液及血液制品

87. 艾滋病的基本特征为
A. 中度以上细胞免疫缺陷

B. B淋巴细胞功能失调及自然杀伤细胞活性下降
C. 可发生各种致命性机会感染
D. 发生恶性肿瘤如卡波西肉瘤,以同性恋者居多
E. 以上都正确

88. 艾滋病的治疗必须采用
A. 单一用药
B. 鸡尾酒疗法或高活性抗逆转录酶病毒联合疗法(HAART)
C. 应足量、反复用药
D. 2种以上免疫调节剂合用即可
E. 以上都正确

89. 下列药物中,不属于治疗艾滋病常用的免疫调节剂的是
A. 干扰素
B. 拉米夫定

C. 白细胞介素2

D. 灵杆菌素脂多糖

E. 粒细胞集落刺激因子

90. 艾滋病最常见的机会性感染为

　A. 结核病

　B. 巨细胞病毒感染

　C. 卡波西肉瘤

　D. 卡式肺囊虫性肺炎

　E. 白色念珠菌感染

(91~95题共用题干)

患者男,65岁,患2型糖尿病12年,3日前来诊,血压156/98mmHg,体重指数20,颜面及双下肢轻度可凹性水肿,检查尿蛋白(++),血清肌酐130μmol/L。

91. 对其宜选用的药品是

　A. 二甲双胍 + 氨氯地平

　B. 二甲双胍 + 福辛普利

　C. 格列喹酮 + 氨氯地平

　D. 格列喹酮 + 福辛普利

　E. 格列美脲 + 氢氯噻嗪

92. 糖尿病的类型不包括

　A. 1型糖尿病

　B. 2型糖尿病

　C. 妊娠期糖尿病

　D. 原发性糖尿病

　E. 老年糖尿病

93. 糖尿病药物治疗的用药注意事项,错误的是

　A. 注意各药的不良反应,降糖药可诱发低血糖

　B. 应告知患者不同药物的适宜服用时间

　C. 胰岛素2次注射点要间隔2cm

　D. 使用磺酰脲类降糖药应注意监测血糖

　E. 使用中的胰岛素笔芯应冷藏保存

94. 糖尿病急性并发症不包括

　A. 糖尿病酮症酸中毒

　B. 糖尿病肾病

　C. 高渗性非酮症糖尿病昏迷

D. 高渗性非酮体高血糖症

E. 低血糖症

95. 老年糖尿病患者宜选用

　A. 格列喹酮

　B. 胰岛素

　C. 瑞格列奈

　D. 二甲双胍

　E. 罗格列酮

(96~100题共用题干)

根据病原体、传播途径和症状的不同分为上呼吸道感染(上感)和流行性感冒(流感)。上感和流感一年四季均可发病,尤以冬、春季较为常见。

96. 感冒初期出现卡他症状,如鼻黏膜充血、打喷嚏、流涕、流泪等,宜服用的药品是

　A. 非甾体抗炎药

　B. 含苯海拉明的制剂

　C. 含氢溴酸右美沙芬的制剂

　D. 含中枢兴奋药咖啡因的制剂

　E. 含伪麻黄碱、氯苯那敏的制剂

97. 口服奥司他韦治疗流感应及早服药,较为有效的用药时间是症状出现的

　A. 48小时以内

　B. 72小时以内

　C. 96小时以内

　D. 108小时以内

　E. 120小时以内

98. 在复方抗感冒药的组分中,能够改善体液局部循环作用的是

　A. 咖啡因

　B. 溶菌酶

　C. 伪麻黄碱

　D. 糜蛋白酶

　E. 菠萝蛋白酶

99. 老年伴前列腺增生症的感冒患者服用含氯苯那敏的抗感冒药后,可引起的严重不良反应是

　A. 急性尿潴留

B. 严重高血压
C. 慢性荨麻疹
D. 急性胰腺炎
E. 血管性水肿

100. 老年伴高血压患者服用含有伪麻黄碱的抗感冒药后,可引起的不良反应是

A. 血糖升高
B. 牙龈肿胀
C. 严重高血压
D. 膀胱颈梗阻
E. 血管性水肿

四、X型题（多项选择题）

答题说明

以下每一道考题下面有 A、B、C、D、E 五个备选答案。请从中选择二个或二个以上的正确答案。

101. 抗生素的理论效价指纯品的质量与效价单位的折算比率。以纯游离碱 $1\mu g$ 作为 1IU 抗生素是
    A. 链霉素
    B. 土霉素
    C. 红霉素
    D. 盐酸四环素
    E. 青霉素 G 钠

102. 下列中成药中,可能与氢氧化铝、碳酸氢钠等碱性药物发生配伍禁忌的是
    A. 香连片
    B. 丹参片
    C. 乌梅丸
    D. 保和丸
    E. 黄连上清丸

103. 慢性疾病高血压的健康教育,正确的是
    A. 定期监测血压
    B. 戒烟限酒
    C. 应低盐饮食
    D. 定期评估靶器官损害程度
    E. 避免情绪较大波动

104. 关于烫伤的用药注意事项中,正确的是
    A. 立即用冷水或冰水湿敷
    B. 保护创面
    C. 补液时应喝白开水或无盐饮料
    D. 创面不可涂有颜色的药物
    E. 慎用镇痛药

105. 在药房,码放位置加贴醒目警示标签的药品主要是
    A. 麻醉药品
    B. 高危药品
    C. 自费药品
    D. 调配率高的药品
    E. 易发生差错的药品

106. 下列临床常用复方抗感冒药品中,主要成分是对乙酰氨基酚的是
    A. 扑感片
    B. 强力感冒片
    C. 速克感冒片
    D. 维 C 银翘片
    E. 复方感冒灵片

107. 以下有关溶液渗透压计算的基本原理正确的是
    A. $298mmol/L$ 的药物溶液都等渗
    B. 冰点为 $0.52℃$ 的溶液与血浆等渗
    C. 冰点降低 $0.52℃$ 的溶液与血浆等渗
    D. 人体液渗透压相当于 $298mmol/L$ 电解质离子产生的渗透压

E. 人体液渗透压相当于298mmol/L非电解质分子产生的渗透压

108. 下列适宜清晨服用的药物中,属于依据生物钟规律给药的是
    A. 驱虫药
    B. 盐类泻药
    C. 抗抑忧郁药
    D. 抗高血压药
    E. 肾上腺皮质激素类

109. 对临床诊断而言,下列用药不合理的处方中属于撒网式用药的是
    A. 轻度感染给予广谱或最新抗菌药
    B. 无依据或凭经验应用广谱抗菌药
    C. 2~3种抗菌药物联用或超剂量、超范围应用
    D. 在不了解抗菌药物的药动学参数等信息情况下用药
    E. 对单一抗菌药物已能控制的感染应用2~3种抗菌药

110. 以下有关联合用药的事例中,药物相互作用影响临床药动学的是
    A. 纳洛酮解救吗啡中毒
    B. 磷霉素联用抗菌药物作用相加
    C. 甲氧氯普胺、多潘立酮、西沙必利影响同服药物吸收
    D. 苯巴比妥、苯妥英钠合用由肝药酶代谢的药物,应增加剂量
    E. 硫酸阿托品联用解磷定等解救有机磷中毒,可减少阿托品用量

111. 便常规细胞镜检的临床意义是
    A. 白细胞增多见于肠道炎症
    B. 红细胞见于痢疾、溃疡性结肠炎、结肠癌等
    C. 吞噬细胞增多主要见于急性肠炎和痢疾
    D. 上皮细胞见于结肠炎、假膜性肠炎
    E. 真菌见于大量或长期服用广谱抗生素引起真菌感染的二重感染患者

112. 以下血生化检查项目中,可提示患动脉硬化与高脂血症的是
    A. 总胆固醇升高
    B. 三酰甘油升高
    C. 低密度脂蛋白胆固醇升高
    D. 高密度脂蛋白胆固醇降低
    E. 高密度脂蛋白胆固醇升高

113. 血清γ-谷氨酰转移酶(γ-GT)升高,见于
    A. 肝内或肝后胆管梗阻
    B. 急慢性胰腺炎、胰腺肿瘤
    C. 溃疡性结肠炎
    D. 脂肪肝、心肌梗死、胰腺肿瘤
    E. 服用抗惊厥药、镇静药苯巴比妥或乙醇

114. 白细胞分类计数的正常范围是
    A. 中性粒细胞 0.50~0.70
    B. 嗜酸性粒细胞 0.01~0.05
    C. 嗜碱性粒细胞 0~0.01
    D. 淋巴细胞 0.20~0.40
    E. 单核细胞 0.10~0.20

115. 谷丙转氨酶监测的临床意义是
    A. 其增高的程度与肝细胞被破坏的程度成正比
    B. 传染性肝炎、中毒性肝炎等表现为增高
    C. 梗阻性黄疸、胆管炎、胆囊炎等表现为增高
    D. 其增高也常见于急性心肌梗死、心肌炎等其他疾病
    E. 服用氯丙嗪、异烟肼、利福平等肝毒性药物表现为增高

116. 下列疾病中,可能引起血肌酐升高的是
    A. 失血

B. 心力衰竭

C. 高蛋白饮食

D. 急慢性肾小球肾炎

E. 肾移植后的排斥反应

D. 吸入性如室内外尘埃、真菌、动物皮毛等

E. 食入性如鱼虾、鸡蛋、面粉、花生、大豆等

117. 治疗便秘的用药注意事项包括
A. 慢性便秘者长期大量使用刺激性泻药，可损伤肠壁神经丛细胞，造成进一步便秘
B. 尽量少用或不用缓泻药，应找准病因进行针对性治疗，改变饮食习惯或增加运动量
C. 伴有阑尾炎、肠梗阻、不明原因的腹痛、腹胀者禁用；妊娠期妇女慎用
D. 儿童不宜应用缓泻药，因可造成依赖性便秘
E. 缓泻药一般可在饭前给药

118. 慢性过敏性鼻炎的过敏原包括
A. 接触物如化妆品、油漆、酒精等
B. 疾病如精神紧张、胃肠功能障碍等
C. 药品如磺胺类、奎宁、一些抗生素等

119. 以下有关治疗咽炎的叙述中,正确的是
A. 应用抗菌药物
B. 服用对乙酰氨基酚退热
C. 使用肾上腺糖皮质激素
D. 应用度米芬等口含片或含漱剂局部除菌
E. 咽喉部位易于暴露,适宜涂擦、喷雾、含服或含漱等方式给药

120. 以下所列治疗痛风药物中,主要发挥促进尿酸排泄的是
A. 别嘌醇
B. 丙磺舒
C. 泼尼松
D. 苯溴马隆
E. 秋水仙碱

参 考 答 案

1. B	2. B	3. D	4. D	5. C	6. E	7. B	8. E	9. D	10. E
11. A	12. A	13. D	14. E	15. E	16. A	17. C	18. D	19. D	20. B
21. B	22. A	23. E	24. B	25. A	26. D	27. D	28. B	29. C	30. C
31. D	32. E	33. C	34. E	35. C	36. A	37. B	38. C	39. C	40. D
41. E	42. D	43. E	44. D	45. E	46. D	47. B	48. A	49. B	50. A
51. D	52. C	53. D	54. A	55. B	56. E	57. D	58. E	59. A	60. C
61. B	62. A	63. E	64. D	65. A	66. A	67. E	68. D	69. C	70. E
71. D	72. E	73. C	74. B	75. D	76. A	77. E	78. B	79. C	80. C
81. C	82. D	83. E	84. C	85. E	86. A	87. E	88. B	89. B	90. A
91. D	92. E	93. E	94. B	95. C	96. E	97. A	98. E	99. A	100. C

101. ABC
102. BCD
103. ABCDE
104. ABDE
105. BE
106. ABDE
107. CD
108. CDE
109. ABC
110. CD
111. ABCDE
112. ABCD
113. ABDE
114. ABCD
115. ABCDE
116. ABDE
117. ABCD
118. ACDE
119. BDE
120. BD

试卷标识码:

国家执业药师资格考试

药学综合知识与技能
押题秘卷（三）

考生姓名：＿＿＿＿＿＿

准考证号：＿＿＿＿＿＿

考　　点：＿＿＿＿＿＿

考 场 号：＿＿＿＿＿＿

一、A 型题（单句型最佳选择题）

答题说明

以下每一道考题下面有 A、B、C、D、E 五个备选答案。请从中选择一个最佳答案。

1. 上市后的药品临床再评价阶段属于
   A. Ⅰ期临床试验
   B. Ⅱ期临床试验
   C. Ⅲ期临床试验
   D. Ⅳ期临床试验
   E. 临床前试验

2. 以下使用抗菌药物的处方中，属于盲目联合用药的是
   A. 轻度感染给予广谱或最新抗菌药
   B. 无依据或凭经验应用广谱抗菌药
   C. 2～3 种抗菌药物联用或超剂量、超范围应用抗菌药
   D. 在不了解抗菌药物的药动学参数等信息情况下用药
   E. 对单一抗菌药物已能控制的感染应用 2～3 种抗菌药

3. 以下临床用药事例中，由于药物相互作用影响药物分布的是
   A. 抗酸药合用四环素类
   B. 磺胺类药与青霉素合用
   C. 阿司匹林合用磺酰脲类降糖药
   D. 同服甲氧氯普胺或丙胺太林
   E. 苯巴比妥或西咪替丁合用普伐他汀

4. 纳洛酮或纳曲酮用于解救吗啡中毒的机制是
   A. 协同作用
   B. 敏感化作用
   C. 减少不良反应
   D. 竞争性拮抗作用
   E. 非竞争性拮抗作用

5. 属于处方调配四查十对中"四查"项目的是
   A. 查药品
   B. 查适应证
   C. 查临床诊断
   D. 查处方合法性
   E. 查药物相互作用

6. 1g 碳酸氢钠的氯化钠等渗当量为 0.65g，其等渗溶液的百分浓度是
   A. 1.34%（g/mL）
   B. 1.36%（g/mL）
   C. 1.38%（g/mL）
   D. 1.42%（g/mL）
   E. 1.46%（g/mL）

7. 阿莫西林 - 克拉维酸钾组方的机制是
   A. 竞争性拮抗
   B. 促进机体的利用
   C. 作用不同的靶点
   D. 延缓或降低抗药性
   E. 保护药品免受破坏

8. 处方中药品的用法，应注意药品的
   A. AUC
   B. 半数致死量 LD_{50}
   C. MIC
   D. 血浆半衰期 $t_{1/2}$
   E. 表观面积 V_d

9. 不属于急性湿疹的临床表现的是
   A. 瘙痒剧烈
   B. 皮损以小丘疹、结痂和鳞屑为主
   C. 丘疹、丘疱疹或小水疱
   D. 常融合成片

E. 皮疹界限不清

10. 下列有关"非适应证用药"的叙述中,最恰当的是
    A. 治疗感冒、咳嗽给予抗菌药
    B. 二甲双胍用于非糖尿病患者减肥
    C. 应用两种或两种以上一药多名的药物
    D. 对单一抗菌药已能控制的感染应用2~3种抗菌药
    E. 在不了解抗菌药物的药动学参数等信息情况下用药

11. 喝茶影响四环素族药物的抗菌活性,其主要原因是结合茶中的
    A. 钠
    B. 茶碱
    C. 鞣酸
    D. 咖啡因
    E. 儿茶酚

12. 以下不同病症的患者中,最适宜口服给药的患者是
    A. 病情危重的患者
    B. 吞咽困难的老人
    C. 胃肠反应大的患者
    D. 慢性病或轻症患者
    E. 吞咽能力差的婴幼儿

13. 医学指标血肌酐(Cr)增高,提示病人可能患
    A. 黄疸
    B. 糖尿病
    C. 高血压
    D. 中毒性肝炎
    E. 急慢性肾小球肾炎

14. 东莨菪碱与阿托品的作用相比较,前者最显著的差异是
    A. 抑制腺体分泌

B. 松弛胃肠平滑肌
C. 松弛支气管平滑肌
D. 中枢抑制作用
E. 扩瞳、升高眼压

15. 血红蛋白的正常值参考范围是
    A. 男性120~160g/L,女性110~150g/L
    B. 男性110~160g/L,女性100~150g/L
    C. 男性100~160g/L,女性90~150g/L
    D. 男性90~160g/L,女性80~150g/L
    E. 男性80~160g/L,女性70~150g/L

16. 中性粒细胞计数增减的临床意义,下列说法不正确的是
    A. 急性、化脓性感染,中性粒细胞增多
    B. 全身性感染,中性粒细胞增多
    C. 尿毒症、糖尿病酮症酸中毒等,中性粒细胞增多
    D. 某些病毒感染(如乙肝、麻疹、流感),中性粒细胞增多
    E. 重金属或有机物中毒、放射线损伤,中性粒细胞减少

17. 药物治疗方案制定的一般原则不包括
    A. 安全性
    B. 有效性
    C. 限制性
    D. 经济性
    E. 规范性

18. 下列药物中,一般不会改变血红蛋白正常值的是
    A. 伯氨喹
    B. 维生素K
    C. 维生素B
    D. 硝酸甘油
    E. 对氨基水杨酸钠

19. 血清尿素氮(BUN)增高,提示病人罹患

A. 休克
B. 糖尿病
C. 慢性肾炎
D. 心力衰竭
E. 急性肝萎缩

20. 对血清天门冬氨酸氨基转移酶叙述不正确的是
    A. 天门冬氨酸氨基转移酶旧称谷草转移酶
    B. 谷草转移酶的正常参考范围,用速率法为成人<40U/L
    C. 血清天门冬氨酸氨基转移酶的测定可反映肝细胞的损伤程度
    D. 心梗时,血清天门冬氨酸氨基转移酶活力最高
    E. 服用有肝毒性药物时,血清天门冬氨酸氨基转移酶不升高

21. 以下有关淋巴细胞减少的临床因素中,正确的是
    A. 麻疹
    B. 结核病
    C. 血液病
    D. 各种中性粒细胞增多症
    E. 肾移植术后排斥反应

22. 关于嗜碱性粒细胞说法不正确的是
    A. 无吞噬功能
    B. 颗粒中有许多生物活性物质,其中主要为肝素、组胺、慢反应物质、血小板激活因子等
    C. 在免疫反应中与IgG具有较强的结合力
    D. 结合了IgG的碱性粒细胞再次接触相应的过敏原时,发生抗原抗体反应,细胞发生脱颗粒现象
    E. 速发性过敏反应,如荨麻疹、过敏性休克,可使嗜碱性粒细胞增多

23. 如果便常规细胞镜检查出上皮细胞,可能提示供试者患
    A. 痢疾
    B. 结肠癌
    C. 急性肠炎
    D. 肠道炎症
    E. 伪膜性肠炎

24. 有咽炎的患者刷牙后不宜即刻应用的药品是
    A. 甲硝唑含漱剂
    B. 复方草珊瑚含片
    C. 溶菌酶含片
    D. 地塞米松粘贴片
    E. 氯己定含漱剂

25. "解热镇痛药用于解热一般不超过3日,症状未缓解应及时就诊或向医师咨询"的最主要原因是
    A. 以免引起肝、肾脏损伤
    B. 以免引起胃肠道的损伤
    C. 发生皮疹、血管性水肿、哮喘等反应
    D. 引起外周血管扩张、皮肤出汗,以致脱水
    E. 退热属对症治疗,可能掩盖病情,影响疾病诊断

26. 适宜2型糖尿病儿童患者的降糖药物是
    A. 阿卡波糖
    B. 格列喹酮
    C. 格列本脲
    D. 二甲双胍
    E. 瑞格列奈

27. 便秘的原因不包括
    A. 不良的饮食习惯
    B. 饮水不足及肠蠕动过缓
    C. 缺少运动
    D. 结肠低张力、肠运动不正常
    E. 细菌感染

28. 特异体质者应当慎用解热镇痛药,其机制是用药后可能发生
   A. 出血
   B. 虚脱
   C. 惊厥
   D. 过敏反应
   E. 电解质平衡失调

29. 长时间应用治疗蛔虫病药物的危害性是
   A. 影响糖代谢
   B. 影响糖吸收
   C. 影响蛋白代谢
   D. 影响脂肪代谢
   E. 影响体内蛋白吸收

30. 在治疗缺铁性贫血的过程中,摄入过多铁剂的严重不良反应是
   A. 柏油便
   B. 黑色粪便
   C. 恶心、呕吐
   D. 腹痛、腹泻、便秘
   E. 细胞缺氧、酸中毒、高铁血红蛋白血症

31. 治疗非细菌性结膜炎应选用
   A. 碘苷滴眼剂
   B. 磺胺醋酰钠滴眼剂
   C. 羟苄唑滴眼剂
   D. 酞丁安滴眼剂
   E. 硫酸锌滴眼剂

32. 以下有关双歧三联活菌胶囊治疗腹泻的机制,叙述最正确的是
   A. 补充正常的细菌
   B. 减少腹胀和腹泻
   C. 防止蛋白质发酵
   D. 抑制肠内腐败菌生长
   E. 维持肠道正常菌群的平衡

33. 作为抗感冒药,病毒神经氨酸酶抑制剂(扎那米韦、奥司他韦)使用的最佳时间是
   A. 在流感症状初始时
   B. 在流感症状严重时
   C. 在流感症状严重24小时内
   D. 在流感症状初始48小时内
   E. 在流感症状初始72小时内

34. 治疗蛔虫病的处方药是
   A. 阿苯达唑
   B. 噻苯达唑
   C. 甲苯咪唑
   D. 枸橼酸哌嗪
   E. 噻嘧啶

35. 治疗便秘的处方药是
   A. 欧车前亲水胶
   B. 聚乙二醇粉
   C. 羧甲基纤维素钠
   D. 硫酸镁
   E. 比沙可啶

36. 下列治疗蛔虫病的药物中,以对神经肌肉阻滞作用显效的是
   A. 噻嘧啶
   B. 噻苯达唑
   C. 阿苯达唑
   D. 甲苯咪唑
   E. 枸橼酸哌嗪

37. 近年应用的胃黏膜保护剂是
   A. 肾上腺素类似物
   B. 激素类似物
   C. 胃分泌素类似物
   D. 皮质素类似物
   E. 前列腺素类似物

38. 肺结核痊愈是指
   A. 结核病的毒性症状消失
   B. 病灶稳定

C. 病灶彻底消除
D. 病灶停止排菌
E. 无耐药菌株产生

39. 尿道炎主要由下列病原体感染引起,不包括
   A. 沙眼衣原体
   B. 脲解支原体
   C. 淋病双球菌(淋球菌)
   D. 大肠杆菌
   E. 乙肝病毒

40. 依据生物钟规律,补充钙制剂的最适宜的时间是
   A. 餐中给药
   B. 清晨顿服
   C. 睡前顿服
   D. 餐后给药
   E. 清晨和睡前各服用一次

二、B 型题（标准配伍题）

答题说明

以下提供若干组考题,每组考题共用在考题前列出的 A、B、C、D、E 五个备选答案。请从中选择一个与问题关系最密切的答案。某个备选答案可能被选择一次、多次或不被选择。

(41~43 题共用备选答案)
   A. 影响吸收
   B. 影响分布
   C. 影响代谢
   D. 影响排泄
   E. 影响治疗

41. 抗酸药及复方制剂含钙、镁、铝、铋等成分,与四环素类同服,可生成难溶性配位化合物,不利于吸收,降低抗菌效果,是属于

42. 阿司匹林、依他尼酸、水合氯醛具有较强的结合血浆蛋白能力,合用磺酰脲类降糖药、抗凝血药、抗肿瘤药,使后者游离型药物增多,血浆浓度增大,是属于

43. 如苯巴比妥、苯妥英钠、利福平等肝药酶诱导剂(酶促剂),由肝药酶(细胞色素 P450 酶系,CYP)代谢的药物与其合用则代谢加快,应增加剂量,是属于

(44~45 题共用备选答案)
   A. 20%~50%
   B. 10%~20%
   C. 15%~20%
   D. 20%~40%
   E. 20%~60%

44. 正常人对铁剂的吸收率为

45. 铁缺乏时铁剂的吸收率可达

(46~48 题共用备选答案)
   A. 重复用药
   B. 撒网式用药
   C. 有禁忌证用药
   D. 非适应证用药
   E. 盲目联合用药

46. 治疗流感给予抗菌药是

47. 轻度感染给予广谱或最新抗菌药是

48. 2~3 种抗菌药联用或超剂量、超范围应用是

(49~51 题共用备选答案)
   A. 肝素钠联用阿司匹林
   B. 普萘洛尔联用硝酸酯类
   C. 山莨菪碱联用盐酸哌替啶
   D. 氨基糖苷类抗生素联用依他尼酸
   E. 甲氧氯普胺联用吩噻嗪类抗精神病药

49. 增加出血危险的配伍用药是

50. 加重锥体外系反应的配伍用药是

51. 增加肾毒性和耳毒性的配伍用药是

(52~55题共用备选答案)
A. 阿托品联用吗啡镇痛
B. 应用利血平或胍乙啶产生升压作用
C. 纳洛酮或纳屈酮用于解救吗啡中毒
D. 青蒿素联用乙胺嘧啶、磺胺多辛延缓抗药性
E. 普萘洛尔协同美西律用于室性早搏和心动过速

52. 协同作用的配伍用药如
53. 拮抗作用的配伍用药如
54. 敏感化作用的配伍用药如
55. 减少不良反应的配伍用药如

(56~59题共用备选答案)
A. 氯氮平
B. 胰岛素
C. 苯妥英钠
D. 阿司匹林
E. HMG-CoA还原酶抑制剂

56. 可能导致血清总胆固醇升高的药物是
57. 可能导致γ-谷氨酰转移酶升高的药物是
58. 可能导致血清碱性磷酸酶升高的药物是
59. 可能导致血小板计数(PLT)减少的药物是

(60~63题共用备选答案)
A. 乙型肝炎病毒核心抗原的对应抗体
B. HBV(乙肝病毒)复制的指标之一
C. HBV病毒核心颗粒中的一种不可溶性蛋白质
D. 乙型肝炎病毒表面抗原的对应体
E. 非中和抗体

60. 乙型肝炎病毒核心抗体(HBcAb)是
61. 乙型肝炎病毒e抗原是
62. 乙型肝炎病毒s抗体是
63. HBeAb和HBcAb都是

(64~65题共用备选答案)
A. 在溶血性黄疸时明显
B. 在阻塞性黄疸时明显
C. 见于急性白血病
D. 见于直肠癌
E. 见于慢性白血病

64. 粪胆原增加
65. 粪胆原减少

(66~69题共用备选答案)
A. 血清总蛋白减少
B. 血清碱性磷酸酶(ALP)升高
C. 血清γ-谷氨酰转移酶(γ-GT)升高
D. 血清丙氨酸氨基转移酶(ALT)升高
E. 血清丙氨酸氨基转移酶(ALT)一过性或偶见升高

66. 四环素可引起
67. 异烟肼可导致
68. 酮康唑可引起
69. 苯妥英钠可引起

(70~72题共用备选答案)
A. 淀粉酶
B. 三酰甘油酯
C. 血清总胆固醇
D. 高密度脂蛋白胆固醇
E. 低密度脂蛋白胆固醇

70. TC 是
71. AMY 是
72. LDL-C 是

(73~76题共用备选答案)
A. 乙酰氨基酚、布洛芬、阿司匹林等
B. 一般可首选对乙酰氨基酚,推荐合并应用谷维素、维生素B
C. 推荐应用地西泮(安定)片
D. 服用麦角胺咖啡因片、罗通定片、天麻素、苯噻啶、舒马曲坦、佐米曲坦
E. 首选卡马西平,如无效可服苯妥英钠或

氯硝西平等关于头痛、偏头痛、紧张性头痛、三叉神经痛的药物治疗

73. 对钝痛如牙痛、头痛、神经痛等有较好的镇痛效果的是
74. 长期精神紧张、紧张性头痛者
75. 反复性偏头痛者
76. 三叉神经痛者

（77~80题共用备选答案）
A. 可待因
B. 氨溴索
C. 苯丙哌林
D. 喷托维林
E. 羧甲司坦

77. 咳嗽剧烈者可选用的药物是
78. 主要呈现祛痰作用的药物是
79. 主要呈现黏液调节作用的药物是
80. 尤其适用于胸膜炎伴胸痛的咳嗽患者的药物是

（81~83题共用备选答案）
A. 法律性
B. 有效性
C. 技术性
D. 经济性
E. 稳定性

81. 医师无权调配处方是处方的什么性质决定的
82. 药师应对处方进行审核，依照处方准确、快速地调配是处方的什么性质决定的
83. 处方是医院药品消耗及药品经济收入结帐的凭证和原始依据是处方的什么性质决定的

（84~85题共用备选答案）
A. 地西泮
B. 硫糖铝
C. 干酵母
D. 胃蛋白酶
E. 多潘立酮

84. 不宜与抗酸药同服的药物是
85. 消化不良病因为胃、十二指肠溃疡者服用的药物是

三、C型题（综合分析选择题）

答题说明

以下提供若干个案例,每个案例下设若干个考题。每一道考题下面有A、B、C、D、E五个备选答案。请从中选择一个最佳答案。

（86~90题共用题干）
药物的临床评价可以为临床提供依据,从而更加合理、更加有效地使用药物,达到临床治疗的目的。随着新药研发、制药工业的发展,越来越多的药物投入临床应用,临床评价提供数据给国家相关机构,从而保证药品的合理应用。

86. 药物临床评价是指
A. 对药物临床前研究的一切新药申报资料的真实性和科学性进行的评估
B. 新药上市以后对药品的理化性质、质量和价格的评估
C. 对已经上市的药品在治疗效果、不良反应等方面进行的估价
D. 新药临床研究在未上市以前进行的利益与风险关系临床评估
E. 药物的临床药理学及人体安全性评价以便为临床使用打基础的评估

87. Ⅱ期临床试验治疗作用的初步评价阶段。试验对象为目标适应证患者,样本数
A. 不少于30例
B. 不少于300例

C. 不少于100例

D. 不少于2000例

E. 不少于1000例

88. 在考虑患者意愿、偏好和生命质量的基础上,比较治疗方案的经济合理性,应选用的药物经济学研究方法是

A. 最小成本分析

B. 最大效益分析

C. 成本效益分析

D. 成本效果分析

E. 成本效用分析

89. 以下有关循证医学的叙述中,不正确的是

A. 临床研究的可靠证据是循证医学的基石

B. 循证医学可以使患者得到最佳临床效果和生活质量

C. 循证医学不包括医师、药师长期实践积累的临床诊治经验

D. 循证医学建立在证据、医务人员的实践及患者利益结合之上

E. 循证医学结合具体患者采用有效、合理、实用和经济的治疗手段

90. 以下对"上市前药物临床评价的局限性"的叙述中,不正确的是

A. 病例数目少

B. 观察时间短

C. 管理有漏洞

D. 考察不全面

E. 实验

(91~95题共用题干)

李某,男,35岁。于中饭后即开始胃部疼痛,胀满食少,现感觉脐周硬闷痛拒按,1日无改善,前来就医。诊断结果:因饱食而导致的继发性消化不良。

91. 下列适宜用于李某的药物是

A. 多潘立酮片

B. 奥美拉唑

C. 阿嗪米特肠溶片

D. 乳酶生

E. 碳酸氢钠

92. 下列适用于因胰腺功能不全所致的消化不良性腹泻的是

A. 胰酶片

B. 碳酸氢钠

C. 小檗碱

D. 双八面体蒙脱石

E. 鞣酸蛋白

93. 功能性消化不良可选用的非处方药是

A. 莫沙必利

B. 多潘立酮

C. 六味安消散

D. 胰酶片

E. 碳酸氢钠

94. 功能性消化不良、肠易激综合征以及习惯性便秘者可选用的非处方药是

A. 莫沙必利

B. 多潘立酮

C. 六味安消散

D. 胰酶片

E. 碳酸氢钠

95. 下列消化不良治疗药物,不宜与抗酸药同服的药物是

A. 地西泮

B. 硫糖铝

C. 干酵母

D. 胃蛋白酶

E. 多潘立酮

(96~100题共用题干)

临床实践验证,一些毒物有相应的特效拮抗剂。因此,在进行排除毒物的同时,应积极使用特效拮抗剂。

96. 下列药物中,能解救香豆素类灭鼠药中毒的特效药是

A. 乙酰胺

B. 阿托品

C. 维生素 B_6

D. 维生素 K_1

E. 碳酸氢钠

97. 以下"应用阿托品解救有机磷中毒"的叙述中,最正确的是
   A. 破坏磷酸酯类
   B. 使胆碱酯酶复活
   C. 制止呼吸肌麻痹
   D. 制止肌肉纤维震颤及抽搐
   E. 拮抗有机磷呈现的毒蕈碱样反应

98. 解救经口急性铅中毒所用的洗胃液是
   A. 1%硫酸镁
   B. 1%氯化钠
   C. 1%硫酸铜
   D. 3%过氧化氢
   E. 1:2000 高锰酸钾

99. 以下络合剂中,不能用于"驱铅"治疗铅中毒的药物是
   A. 青霉胺
   B. 二巯丙醇
   C. 二巯丁二钠
   D. 依地酸钙钠
   E. 喷替酸钙钠

100. 以下药物中,适宜处置蛇类咬伤的药物是
   A. 凝血酶
   B. 糜蛋白酶
   C. 胃蛋白酶
   D. 胰蛋白酶
   E. 菠萝蛋白酶

四、X型题（多项选择题）

答题说明

以下每一道考题下面有 A、B、C、D、E 五个备选答案。请从中选择二个或二个以上的正确答案。

101. 以下有关(伪)麻黄素治疗鼻黏膜肿胀的注意事项中,正确的是
   A. 连续用于滴鼻不宜超过7日
   B. 连续口服给药一般不超过3日
   C. 滴鼻应采用间断(4~6小时)给药
   D. 禁用于鼻腔干燥和萎缩性鼻炎患者
   E. 滴鼻的药液过浓或滴入次数过多可导致反应性充血等

102. 治疗腹泻用药注意事项,包括
   A. 在使用止泻药的同时应实施对因治疗,腹泻消失的快慢,有赖于正确的诊断和治疗
   B. 口服补液盐,以及时补充水和电解质,调整不平衡状态;还需特别注意补充钾盐,因为腹泻常可致钾离子过量丢失
   C. 鞣酸蛋白不宜与铁剂或盐酸小檗碱同服,大量服用鞣酸蛋白可能引起便秘。
   D. 微生态制剂多为活菌制剂,不宜与抗生素、药用炭、黄连素和鞣酸蛋白同用;如需合用,至少应间隔3小时
   E. 药用炭可影响儿童的营养吸收,3岁以下儿童如患长期腹泻或腹胀禁用;药用炭具有吸附性,不宜与维生素、抗生素、生物碱、乳酶生及各种消化酶同时服用

103. 以下治疗过敏性鼻炎的口服抗组胺药中,属于非处方药的是
   A. 赛庚啶
   B. 阿司咪唑
   C. 氯苯那敏
   D. 特非那定
   E. 地氯雷他定

104. 根据组织损伤轻重,冻伤(疮)分为
   A. 红斑型
   B. 皮疹型
   C. 水疱型

D. 坏疽型
E. 疱疹型

105. 关于肺炎的药物治疗,叙述正确的是
    A. 肺炎一经诊断,立即应用抗感染药治疗
    B. 对伴有咳嗽者,可给予镇咳药,如苯丙哌林
    C. 对烦躁不安、谵妄、失眠者,给予催眠药或水合氯醛
    D. 对失水者,可静滴葡萄糖或葡萄糖氯化钠注射液
    E. 对发热者,可先给予物理降温(冷敷、冰袋),必要时服对乙酰氨基酚

106. 以下"缓泻药使用注意事项"的叙述中,正确的是
    A. 妊娠期妇女慎用
    B. 一般可在早晨给药
    C. 儿童不宜应用缓泻药,因可造成依赖性便秘
    D. 伴有阑尾炎、肠梗阻、不明原因的腹痛、腹胀者禁用
    E. 尽量少用或不用缓泻药,找准病因进行针对性治疗或改变饮食习惯等

107. 对临床诊断而言,下列处方用药属于超适应证用药的是
    A. 治疗流感给予抗菌药
    B. 黄连素用于降低血糖
    C. 治疗咳嗽给予抗菌药
    D. 二甲双胍用于非糖尿病患者减肥
    E. 罗非昔布用于预防结肠、直肠癌

108. 下列药物中,能延缓胃排空、增加同服药物吸收的是
    A. 颠茄
    B. 阿托品
    C. 多潘立酮
    D. 丙胺太林
    E. 甲氧氯普胺

109. 下列剂型中,应该或可以含在舌下使用的是
    A. 滴丸
    B. 膜剂
    C. 泡腾片
    D. 舌下片
    E. 咀嚼片

110. 以下药物相互作用,可能影响临床药效的是
    A. 协同作用
    B. 敏感化作用
    C. 减少不良反应
    D. 胃排空时间改变
    E. 药物血浆蛋白结合率改变

111. 下列常用中成药中,不宜与苯巴比妥同服用的是
    A. 虎骨酒
    B. 舒筋活络酒
    C. 散痰宁糖浆
    D. 蛇胆川贝液
    E. 天一止咳糖浆

112. 关于单核细胞说法正确的是
    A. 具有活跃的变形运动和强大的吞噬功能
    B. 其进入组织后转化为巨噬细胞,吞噬一般细菌、组织碎片
    C. 通过吞噬抗原,传递免疫信息,活化T、B细胞,在特异性免疫中起重要作用
    D. 单核细胞增多可见于传染病或寄生虫病
    E. 单核细胞减少可见于血液病

113. 红细胞减少的临床意义是
    A. 造血物质缺乏

B. 反复腹泻,由于大量失水,血液浓缩,红细胞相对减少
C. 骨髓造血功能低下
D. 红细胞破坏或丢失过多
E. 继发性贫血

114. 尿酮体包括
   A. 乙酰乙酸
   B. β-羟丁酸
   C. 丙酮
   D. CO_2
   E. H_2O

115. 痛风的高危因素包括
   A. 家族史
   B. 肥胖
   C. 代谢综合征
   D. 服用氢氯噻嗪
   E. 创伤

116. 乙型肝炎病毒表面抗原 HBsAg 的临床意义有
   A. 是一种特异性血清标记物,可维持数周至数年,甚至终生
   B. 异常者提示慢性或迁延性乙型肝炎活动期
   C. 异常者提示与乙型肝炎病毒表面抗原感染有关的肝硬化或原发性肝癌
   D. HBsAg 尚未转阴,肝功能已恢复正常为慢性 HBsAg 携带者
   E. 所谓 HBsAg 携带者,即 HBsAg 阳性持续6个月以上而患者既无乙肝症状,也无谷丙转氨酶(GPT)异常

117. 叶酸缺乏的原因有
   A. 摄入减少
   B. 甲亢
   C. 腹泻
   D. 先天性酶缺陷
   E. 胃切除

118. 治疗脓疱疮以外用药涂敷为主,包括
   A. 林可霉素软膏(绿药膏)
   B. 聚维酮碘(碘伏)
   C. 苯扎溴铵(新洁尔灭)
   D. 复方新霉素软膏
   E. 杆菌肽软膏

119. 治疗蛔虫病,应用抗蠕虫药的禁忌包括
   A. 肝肾功能不全者慎用,因为抗蠕虫药多在肝脏分解而经肾脏排泄
   B. 活动性消化性溃疡患者慎用
   C. 妊娠及哺乳期妇女不宜应用
   D. 癫痫、急性化脓性或弥漫性皮炎患者禁用
   E. 2岁以下儿童禁用

120. 头痛是下列哪些疾病的先驱症状
   A. 感染性发热、脑膜炎、鼻窦炎等
   B. 高血压、动脉硬化、脑卒中等
   C. 近视、散光、屈光不正、青光眼等
   D. 沙眼
   E. 蛔虫病

参 考 答 案

1. D	2. E	3. C	4. D	5. A	6. C	7. E	8. D	9. B	10. A
11. C	12. D	13. E	14. D	15. A	16. D	17. C	18. C	19. C	20. E
21. D	22. E	23. E	24. E	25. E	26. D	27. E	28. D	29. A	30. E
31. E	32. E	33. D	34. B	35. A	36. A	37. E	38. C	39. E	40. E
41. A	42. B	43. C	44. B	45. E	46. D	47. B	48. B	49. A	50. E
51. D	52. E	53. C	54. B	55. A	56. A	57. C	58. E	59. D	60. A
61. B	62. D	63. E	64. A	65. B	66. E	67. D	68. E	69. C	70. C
71. A	72. E	73. A	74. B	75. D	76. E	77. C	78. B	79. E	80. A
81. A	82. C	83. D	84. D	85. B	86. C	87. B	88. E	89. C	90. B
91. D	92. A	93. B	94. C	95. D	96. D	97. E	98. A	99. B	100. D

101. CDE
102. ABCDE
103. ACE
104. ACD
105. ABCDE
106. ACDE
107. BDE
108. ABD
109. AD
110. ABCDE
111. AB
112. ABCD
113. ACDE
114. ABC
115. ABCDE
116. BCDE
117. ABCD
118. ABCDE
119. ABCDE
120. ABC

试卷标识码:

国家执业药师资格考试

药学综合知识与技能
押题秘卷（四）

考生姓名：_____

准考证号：_____

考　　点：_____

考 场 号：_____

一、A 型题（单句型最佳选择题）

答题说明

以下每一道考题下面有 A、B、C、D、E 五个备选答案。请从中选择一个最佳答案。

1. 关于药师学习有关临床知识的优点，不正确的是
   A. 拓宽知识面
   B. 便于理解医生的临床思维
   C. 可以独自完成用药
   D. 更好完成患者的用药教育
   E. 提高用药顺应性

2. 药师在与患者沟通时，应采用的语言表达技巧是
   A. 多使用服务用语和通俗易懂的语言
   B. 尽量使用专业术语
   C. 谈话时尽量采用长句子
   D. 用"是"、"不是"或简单一句话就可以答复问题
   E. 尽量使用封闭式的提问方式

3. 下列关于药师在向患者提供咨询服务时，需要特别关注问题的表述，错误的是
   A. 向老年人进行解释时语速宜慢，还可以适当多用文字、图片以方便他们理解和记忆
   B. 对于女性患者，还要注意问询是否已经妊娠或有无准备怀孕的打算、是否正在哺乳
   C. 对于一般患者的咨询，应采用带数字的医学专业术语来表示
   D. 对第一次用药的患者尽量提供书面材料
   E. 对于患者咨询的问题，能够当场给予解答的就当场解答，不能当场答复的，或者不十分清楚的问题，不要冒失地回答

4. 同一张处方开写相同成分而商品名不同的两种以上药品，药师审核处方时，不正确的是

   A. 药师必须提醒医师
   B. 避免发生重复超剂量用药
   C. 让医师按实际供应药品的名称修改
   D. 药师在调配中做主调换给病人
   E. 医师把名称修改后，药师调配

5. 人体分泌肾上腺皮质激素最旺盛的时间是
   A. 夜间 4 时
   B. 早晨 6 时
   C. 上午 8 时
   D. 上午 11 时
   E. 夜间 12 时

6. 最易受潮变质的常用药品是
   A. 硝苯地平片
   B. 多酶片
   C. 维拉帕米片
   D. 甲氧氯普胺片
   E. 艾司唑仑片

7. 以下药品中，系《中国药典临床用药须知》（2010 年版）规定必须做皮肤敏感试验的是
   A. 天花粉蛋白
   B. 链霉素注射剂
   C. 青霉素钠注射剂
   D. 苯唑西林注射剂
   E. 注射用头孢菌素

8. 60 岁以上老年人的用药剂量，一般为
   A. 成人常用量的 3/4
   B. 成人常用量的 1/2
   C. 成人常用量的 1/3
   D. 成人常用量的 2/3
   E. 成人常用量的 1/3

9. 以下肝功能检查数据中,血清白蛋白(A)与球蛋白(G)比值的正常值范围是
   A. >1
   B. 1.5∶1
   C. 2.0∶1
   D. 2.5∶1
   E. 1.5∶1~2.5∶1

10. 下列关于尿沉渣结晶异常的说法不正确的是
    A. 磷酸盐结晶常见于pH碱性的感染尿液
    B. 尿酸盐结晶常见于痛风
    C. 大量的草酸盐结晶提示严重的慢性肾病
    D. 可见于应用肾上腺皮质激素、口服避孕药的患者
    E. 胱氨酸结晶可见于胱氨酸尿的患者

11. 以甲硝唑口颊片治疗口腔溃疡,最合理的用药时间是
    A. 三餐后
    B. 三餐前
    C. 三餐后1小时
    D. 三餐前1小时
    E. 三餐前10分钟

12. 解热镇痛药用于退热两次用药的间隔时间应该是
    A. 2~4小时
    B. 3~5小时
    C. 4~6小时
    D. 5~7小时
    E. 6~8小时

13. 空腹血糖(FBG)较高者应选用的降糖药是
    A. 格列波脲
    B. 格列本脲
    C. 格列吡嗪
    D. 格列喹酮
    E. 格列齐特

14. 关于放置宫内节育器术后的注意事项,哪项不妥
    A. 术后经期或排便时注意有无节育器脱落
    B. 术后2周禁止性交及盆浴
    C. 术后休息
    D. 绝经过渡期停经2年内应取出
    E. 术后定期随访

15. 糖尿病患者注射胰岛素的方法取决于制剂种类、起效和维持时间,以下适宜的注射方法是
    A. 立即就餐则注射稍浅些
    B. 不能按时就餐则注射浅些
    C. 不能按时就餐则注射深些
    D. 注射时血糖较高,则注射稍浅些
    E. 注射时血糖偏低,则注射稍深些

16. 以下抗艾滋病药物中属于免疫调节剂的是
    A. 粒细胞集落刺激因子
    B. 利托那韦
    C. 拉米夫定
    D. 沙奎那韦
    E. 扎西他滨

17. 2型糖尿病(NIDDM),血糖升高的主要原因不包括
    A. 胰岛素分泌不足、胰岛素释放延迟
    B. 接触化学品四氯化碳、乙醇、汞、铅、有机磷等
    C. 周围组织胰岛素作用损害
    D. 肝糖产生增加,肥胖引起某种程度的胰岛素抵抗
    E. 高热量饮食、精神紧张、缺少运动

18. 根治幽门螺杆菌感染的四联药物方案与三联疗法的最主要的区别在于
    A. 应用铋剂
    B. 应用甲硝唑
    C. 应用抗生素

D. 应用奥美拉唑
E. 应用法莫替丁

19. 以下抗高血压药物中,对男性患者可产生明显不良反应的是
   A. 呋塞米
   B. 地尔硫䓬
   C. 美托洛尔
   D. 吲达帕胺
   E. 甲基多巴

20. 脑卒中药物治疗原则不包括
   A. 改善脑循环
   B. 扩充血容量
   C. 控制血压
   D. 预防感染
   E. 溶栓和(或)抗凝治疗

21. 痛风患者体内血尿酸可能超过
   A. 280μmol/L
   B. 300μmol/L
   C. 350μmol/L
   D. 380μmol/L
   E. 480μmol/L

22. 茶碱类支气管平滑肌松弛剂治疗慢性阻塞性肺病的主要不良反应是
   A. 口渴
   B. 水肿
   C. 失眠
   D. 体重增加
   E. 肝功能异常

23. 以下药物中,属非磺酰脲类促胰岛素分泌剂的降糖药是
   A. 格列本脲
   B. 二甲双胍
   C. 瑞格列奈
   D. 阿卡波糖

E. 吡格列酮

24. 以下高血压的治疗原则中,最适用于中危患者的是诊断后要
   A. 观察数月,再决定是否进行药物治疗
   B. 观察一段时间,再决定是否进行药物治疗
   C. 观察相当一段时间,再决定是否进行药物治疗
   D. 观察(血压及危险因素)数周,再决定是否进行药物治疗
   E. 立即开始对高血压及并存危险因素和临床症状进行药物治疗

25. 使用 HMG-CoA 还原酶抑制剂(他汀类)治疗高血脂宜慎重,说法不正确的是
   A. 治疗初始宜从小量起,并将肌病的危险性告之患者,关注、及时报告所发生的肌痛、触痛或肌无力
   B. 对有急性严重症状提示为肌病者(CPK水平高于上限10倍并出现肌痛症者),或有横纹肌炎继发肾衰的危险因素(如严重急性感染、大手术、创伤、严重的代谢内分泌和电解质紊乱、癫痫)应及时停用
   C. 治疗3个月内可能导致急性胰腺炎,此时应停用
   D. 在治疗剂量下,合用环孢素、伊曲康唑、酮康唑、大环内酯类抗生素、HIV蛋白酶抑制剂、抗抑郁药(明显抑制细胞色素P450 的同工酶 3A4)等,显著增高其血浆水平
   E. 宜与吉非贝齐、烟酸合用

26. 药物治疗结核病的标准方案中,间歇疗法的含义是
   A. 一日用药1次
   B. 一日用药1~2次
   C. 一周用药1次

D. 一周用药1~2次

E. 一月用药1~2次

27. 静脉注射秋水仙碱治疗痛风,仅适合于
   A. 发作初期
   B. 发作间歇期
   C. 急性发作期
   D. 痛风性肾病患者
   E. 术后痛风发作或禁食者

28. 良性前列腺增生症晚期病人尿频严重,形成慢性尿潴留,甚至残余尿可多达
   A. 300~400mL
   B. 400~500mL
   C. 500~600mL
   D. 600~700mL
   E. 700~800mL

29. 胃溃疡的主要症状是
   A. 压痛点在上腹中线偏右
   B. 进食或服碱性药物可使疼痛缓解
   C. 夜晚睡前疼痛,持续2小时后逐渐消失
   D. 在餐后0.5~1小时疼痛,持续1~2小时后逐渐消失
   E. 在餐前1.0~1.5小时疼痛,持续1~2小时后逐渐消失

30. 不属于治疗类风湿关节炎的药物是
   A. 来氟米特
   B. 青霉素
   C. 柳氮磺吡啶
   D. 甲氨蝶呤
   E. 泼尼松

31. 处方中"适量"的外文缩写是
   A. q.n.
   B. q.d.
   C. q.c.
   D. q.h.
   E. q.s.

32. 长期应用甲苯磺丁脲的患者合用保泰松时可产生严重低血糖的原因是
   A. 保泰松干扰甲苯磺丁脲与血浆蛋白的结合
   B. 保泰松使甲苯磺丁脲的结构发生改变
   C. 保泰松干扰甲苯磺丁脲在肾小管的排泄
   D. 保泰松使甲苯磺丁脲代谢减慢,血药浓度升高
   E. 保泰松使甲苯磺丁脲解离度下降,吸收增加

33. 可能增加患者出现高血糖或低血糖症副反应的药品是
   A. 加替沙星
   B. 拉氧头孢
   C. 头孢哌酮
   D. 利巴韦林
   E. 尼美舒利

34. 关于氟马西尼用于镇静催眠药中毒解救的叙述,错误的是
   A. 本品可用5%葡萄糖注射液稀释后静脉滴注
   B. 本品可用0.9%氯化钠注射液稀释后静脉滴注
   C. 本品不能多次重复给药
   D. 本品可快速逆转苯二氮䓬类药物的镇静作用
   E. 急救时,本品剂量高者达10mg以上,低者小于1mg

35. 不属于抑制胃酸分泌的抗溃疡药物是
   A. 西咪替丁
   B. 哌仑西平
   C. 三硅酸镁
   D. 奥美拉唑
   E. 丙谷胺

36. 以下有关"病因学 A 类药物不良反应"的叙述中,不正确的是
   A. 可由药物本身引起
   B. 可由药物代谢物引起
   C. 死亡率也高
   D. 又称为剂量相关性不良反应
   E. 为药物固有的药理作用增强和持续所致

37. 下列药品中,应该贮存在棕色玻璃瓶内的药品是
   A. 硫酸镁
   B. 硫糖铝片
   C. 西米替丁片
   D. 硝酸甘油片
   E. 兰索拉唑胶囊

38. 下列物质口服中毒后,解救时不宜洗胃的是
   A. 苯巴比妥
   B. 汽油
   C. 阿片
   D. 硝酸银
   E. 砒霜

39. 对所有 18 岁以下儿童都禁用的药物是
   A. 氟喹诺酮类药物
   B. 四环素类药物
   C. 去甲万古霉素
   D. 芬太尼
   E. 吗啡

40. 可以引起药源性猝死的药物是
   A. 大剂量维生素 C
   B. 利血平
   C. 苯巴比妥
   D. 新生霉素
   E. 维生素 K_1

二、B 型题（标准配伍题）

答题说明

以下提供若干组考题,每组考题共用在考题前列出的 A、B、C、D、E 五个备选答案。请从中选择一个与问题关系最密切的答案。某个备选答案可能被选择一次、多次或不被选择。

（41～43 题共用备选答案）
   A. 促进医药合作,保证患者用药安全、有效和经济
   B. 及时发现、正确认识不良反应,采取相应的防治措施
   C. 用药的合理化
   D. 获得最佳的治疗效果、承受最低的治疗风险,与医师共同承担医疗责任
   E. 普及合理用药的理念和基本知识,提高用药依从性

41. 药师参与健康教育的目的是
42. 药物利用研究和评价的目的是
43. 药品不良反应监测和报告的目的是

（44～47 题共用备选答案）
   A. 处方调剂
   B. 治疗药物监测
   C. 参与健康教育
   D. 药物利用研究和评价
   E. 药物不良反应监测和报告

药学服务的具体工作
44. 确定药物利用指数是
45. 测定服用苯妥英钠的癫痫患者的血药浓度是
46. 与处方逐一核对药品名称、剂量、规格、数量和用法是
47. 通过咨询、讲座与提供科普教育材料宣传合理用药的基本知识是

(48~50题共用备选答案)
A. 法定处方
B. 医师处方
C. 协定处方
D. 门诊处方
E. 药师处方

关于处方的分类

48.《中国药典》《局颁标准》收载的处方,具有法律约束力的是
49. 医师为患者诊断、治疗和预防用药所开具的处方是
50. 随着临床医学教育的发展和临床药师地位的巩固,英、美等发达国家在20世纪90年代开始推广的处方是

(51~52题共用备选答案)
A. 水杨酸
B. 红霉素
C. 咪康唑
D. 氧氟沙星
E. 肾上腺皮质激素制剂

治疗手足浅表性真菌感染
51. 在体、股癣尚未根治前,禁止应用的是
52. 治疗体、股癣需连续1~4周,足癣1个月,甲癣6个月的是

(53~54题共用备选答案)
A. 血小板减少
B. 中性粒细胞减少
C. 血红蛋白增多
D. 嗜酸性粒细胞减少
E. 嗜碱性粒细胞减少

53. 抗真菌药可能导致
54. 甲基多巴可能导致

(55~56题共用备选答案)
A. 血色素
B. 血红蛋白减少程度较红细胞减少程度明显
C. 红细胞计数减少程度较血红蛋白量减少程度明显
D. 120~160g/L
E. 170~200g/L

55. 巨幼细胞性贫血时可见
56. 新生儿血红蛋白的正常参考范围是

(57~60题共用备选答案)
A. ivgtt
B. iv
C. im
D. inj
E. po

57. 注射剂的缩写是
58. 静脉滴注的缩写是
59. 口服的缩写是
60. 肌内注射的缩写是

(61~62题共用备选答案)
A. 防止药物滥用和贵重药品丢失
B. 保证分装准确无误
C. 保证发药正确率,提高医师和药师的业务水平
D. 保证药品质量和效率
E. 考核审查工作质量和效率

61. 特殊药品和贵重药品管理制度是为了
62. 查对制度是为了

(63~64题共用备选答案)
A. 泻药与雌激素
B. 喹诺酮类抗生素
C. 四环素类抗生素
D. 氨基糖苷类抗生素
E. 适量的维生素、铁、钙等

63. 小儿服用后可能引致骨骼损伤的是
64. 对正常妇女月经期有影响的是

(65~67题共用备选答案)
A. 度洛西丁

B. 红霉素

C. 奥卡西平

D. 西酞普兰

E. 胺碘酮

65. 属于 CYP A 抑制剂的是

66. 属于 CYP C 抑制剂的是

67. 属于 CYP C 抑制剂的是

(68~70 题共用备选答案)

A. 硫酸钠

B. 松节油

C. 阿司匹林

D. 氢氧化铝凝胶

E. 滑石粉

68. 易被空气中的氧所氧化而变色的药品为

69. 易发生冻结的药品为

70. 具有吸附性的药品为

(71~72 题共用备选答案)

A. 碘苷

B. 硫酸锌

C. 酞丁安

D. 色甘酸钠

E. 磺胺醋酰钠

71. 过敏性结膜炎者宜选用的滴眼剂是

72. 流行性结膜炎者宜选用的滴眼剂是

(73~74 题共用备选答案)

A. 保钾利尿剂

B. 直接血管扩张剂

C. 血管紧张素转换酶抑制剂

D. 二氢吡啶类钙通道阻滞剂

E. 非二氢吡啶类钙通道阻滞剂

73. 肼曲嗪属于

74. 依那普利属于

(75~78 题共用备选答案)

A. 病人饮茶与咖啡

B. 病人胃肠功能的变化

C. 同一药物但生产厂家不同

D. 不同种族的人

E. 病人经常接触有机溶剂

75. 影响血药浓度的生理因素为

76. 影响血药浓度的病理因素为

77. 影响血药浓度的环境因素为

78. 影响血药浓度的生活因素为

(79~81 题共用备选答案)

A. 西米替丁

B. 雷尼替丁

C. 法莫替丁

D. 罗沙替丁

E. 尼扎替丁

79. 有性欲减退和阳痿不良反应的是

80. 国内已有、疗效最强、作用时间最长的是

81. 不易透过血脑屏障,中枢神经不良反应较少的是

(82~83 题共用备选答案)

A. 奥美拉唑

B. 右美沙芬

C. 卡马西平

D. 西咪替丁

E. 阿米洛利

82. 可使驾驶员出现定向力障碍的药物为

83. 可使驾驶员视力模糊或辨色困难的药物为

(84~85 题共用备选答案)

A. 甘草

B. 银杏

C. 辣椒

D. 人参

E. 苦瓜

84. 与阿司匹林合用会促进前房出血的是

85. 与茶碱合用会造成茶碱血药浓度升高的是

三、C型题（综合分析选择题）

答题说明

以下提供若干个案例,每个案例下设若干个考题。每一道考题下面有 A、B、C、D、E 五个备选答案。请从中选择一个最佳答案。

(86~88题共用题干)

患者,男,5岁,现病史:阵发性腹痛数小时,伴呕吐数次,以脐周为主。无放射痛,呕吐物清水样,未见到咖啡色液体。体格检查后初步诊断为蛔虫病。治疗给予抗感染和对症支持。

86. 下列治疗蛔虫病的药物中,对神经肌肉阻滞作用显著的是
   A. 噻嘧啶
   B. 噻苯达唑
   C. 阿苯达唑
   D. 甲苯咪唑
   E. 枸橼酸哌嗪

87. 治疗蛔虫病药物伊维菌素的主要作用机制是
   A. 神经肌肉阻滞作用
   B. 麻痹虫体肌肉作用
   C. 杀灭蛔虫及鞭虫的虫卵
   D. 适用于多种线虫的混合感染
   E. 破坏中枢神经系统突触传递过程

88. 长时间应用治疗蛔虫病药物的危害性是
   A. 影响糖代谢
   B. 影响糖吸收
   C. 影响蛋白代谢
   D. 影响脂肪代谢
   E. 影响体内蛋白吸收

(89~92题共用题干)

某石油化工总厂化工二厂保全工在检修装置 ANH-202 泵时,吸入氰化氢,当时即感到头昏、乏力,离开现场时跌坐在地,即由他人送往医院救治。

89. 氰化物中毒的治疗原则,下列说法错误的是
   A. 患者迅速脱离中毒环境
   B. 可给予高脂饮食,以减少毒物吸收
   C. 皮肤、黏膜受氰化物污染时用大量清水清洗
   D. 其抢救治疗包括催吐、洗胃、导泻、对症和支持疗法等
   E. 呼吸困难时给予氧,并给予氨茶碱

90. 可以用于氰化物中毒解救的药品是
   A. 二巯丙醇(BAL)
   B. 亚甲蓝(美蓝)
   C. 碘解磷定(解磷定)
   D. 谷胱甘肽
   E. 氟马西尼

91. 仅用于氰化物中毒的解毒剂是
   A. 亚甲蓝
   B. 硫代硫酸钠
   C. 亚硝酸钠
   D. 谷胱甘肽
   E. 乙酰胺

92. 除用于氰化物中毒解救,也用于砷、汞、铅中毒解救的是
   A. 二巯丙醇(BAL)
   B. 依地酸钙钠(EDTANa-Ca)
   C. 亚甲蓝(美蓝)
   D. 碘解磷定(解磷定)
   E. 硫代硫酸钠(次亚硫酸钠)

(93~97题共用题干)

患者女性,25岁,因面色苍白、头晕、乏力1年余,加重伴心慌1个月来诊。经诊断未能排除缺铁性贫血。贫血分为两大类,即缺铁性贫血和巨幼细胞性贫血,另外还有新生儿溶血性贫血。

93. 为减轻胃肠刺激,贫血患者服用铁剂应该在

A. 睡前
B. 餐前
C. 餐后
D. 两餐间
E. 餐前或两餐间

94. 巨幼细胞性贫血时
   A. 血红蛋白增多
   B. 血红蛋白减少程度较红细胞减少程度明显
   C. 红细胞计数减少程度较血红蛋白量减少程度明显
   D. 血红蛋白一般为 120~160g/L
   E. 血红蛋白一般为 170~200g/L

95. 容易引起新生儿溶血性贫血的抗菌药是
   A. 氨基糖苷类
   B. 万古霉素
   C. 氯霉素类
   D. 磺胺药及呋喃类
   E. 四环素类

96. 治疗恶性贫血可选用
   A. 葡萄糖酸亚铁
   B. 右旋糖酐铁
   C. 叶酸
   D. 琥珀酸亚铁
   E. 乳酸亚铁

97. 一巨幼细胞贫血患儿肌注维生素 B_{12}，一次 25~50μg，应抽取 0.5mg/mL 的药液
   A. 0.025~0.05mL
   B. 0.05~0.10mL

C. 0.10~0.20mL
D. 0.15~0.30mL
E. 0.20~0.40mL

(98~100 题共用题干)

女性，20岁，反复发作性呼吸困难、胸闷、咳嗽3年，每年春季发作，可自行缓解。此次已发作1天，症状仍持续加重，体检:双肺满布哮鸣音，心率88次/分，律齐，无杂音。

98. 该患者的诊断应首先考虑为
   A. 慢性支气管炎
   B. 阻塞性肺气肿
   C. 支气管哮喘
   D. 慢性支气管炎并肺气肿
   E. 心源性哮喘

99. 对该患者的治疗应选用的药物是
   A. 抗生素类药物
   B. 受体激动剂
   C. $β_2$ 受体激动剂
   D. 受体阻断剂
   E. $β_2$ 受体阻断剂

100. 给予充足的特布他林和氨茶碱治疗一天，病情无好转，呼吸困难加重，唇发绀，此时应采取
   A. 原有药物加大剂量再用一天
   B. 大剂量二丙酸倍氯米松吸入
   C. 静脉滴注头孢菌素
   D. 静脉滴注 5% 碳酸氢钠
   E. 静脉滴注琥珀酸氢化可的松

四、X型题（多项选择题）

答题说明

以下每一道考题下面有 A、B、C、D、E 五个备选答案。请从中选择二个或二个以上的正确答案。

101. 收方环节中的处方审核内容包括
   A. 处方前记和处方后记中医师签字是否完整，字迹是否清楚
   B. 处方中药品名称、规格、书写是否正确
   C. 处方中药品是否需要皮内敏感试验（皮试）
   D. 用药的剂量、用法是否合理，给药途径是否恰当

E. 处方用药是否有配伍禁忌和相互作用,是否有特殊药品

E. 有条件通过血药浓度监测,进行个体化药物治疗

102. 饮酒对药物的不良影响包括
A. 降低抗痛风药别嘌醇抑制尿酸生成
B. 使茶碱缓释片失去缓释作用
C. 阻碍左旋多巴的吸收
D. 可破坏维生素 C
E. 增强催眠药对中枢神经的抑制作用

103. 下列药品中,如果合用调节血脂药普伐他汀等同类药品,可能使其代谢减少或减慢,以致出现肌肉疼痛等严重不良反应的药品是
A. 红霉素
B. 异烟肼
C. 利福平
D. 西咪替丁
E. 伊曲康唑

104. 处方调配规则包括
A. 药师对配伍禁忌或超剂量处方,应当拒绝调配
B. 急诊和一般处方当日有效,慢性病处方 3 日内有效
C. 超过期限处方,需经开具处方医师或同专业医师重新签字方可调配
D. 患者到异地购药,如超过处方的有效期,需请当地同专业医师审核签名,方可调配
E. 药师发现处方所列药品无治疗意义,或可能对病人造成损害,有权提出质疑或拒绝调配

105. 应用抗癫痫药治疗,使用过程中应
A. 依据癫痫的类型合理选药
B. 监测常见的不良反应
C. 注意妊娠期妇女用药问题
D. 重视药物的相互作用

106. 化学药与中成药联合应用的优势包括
A. 协同作用,增强疗效
B. 降低毒副作用和不良反应
C. 减少剂量,缩短疗程
D. 减少禁忌证,扩大适应证范围
E. 西医和中医治法取长补短

107. 下列常用中成药中,含有麻黄碱成分的是
A. 消咳宁片
B. 止咳定喘膏
C. 蛇胆川贝液
D. 通宣理肺丸
E. 麻杏石甘片

108. 以下给予抗菌药的处方中,用药与临床诊断不相符的是
A. 肺炎
B. 尿道炎
C. Ⅰ度冻伤
D. 流行性感冒
E. 中度寻常痤疮

109. 在药品保管工作中,药品外观检查的重要检查内容有
A. 形态
B. 颜色
C. 嗅味
D. 溶解度
E. 药物含量

110. 下列哪几项是产生不依从性的主要原因
A. 医师劝告
B. 药物的毒副反应
C. 医护人员、药师与病人缺少联系
D. 包装不当
E. 老年人健忘或工作繁忙漏服

111. 下述寻常痤疮的临床表现中,正确的是
    A. 好发于前额、颜面、胸背上部和肩胛部
    B. 初期为散在性红斑或水疱,水疱壁透明
    C. 分泌物干后形成蜜黄色或污黄色痂,愈后无瘢痕
    D. 炎症较重时,可长期存在,亦可逐渐吸收后溃疡形成窦道
    E. 多为散在与毛囊一致的黑色丘疹,挤压后可有黄白色脂性栓排出

112. 使用樟脑自我药疗注意事项包括
    A. 有刺激性,不宜涂敷皮肤破损、溃疡、创面、渗液、已破溃的冻疮
    B. 避免接触眼睛和其他黏膜部位
    C. 发生过敏反应即停药
    D. 可透过胎盘屏障,对妊娠期妇女慎用
    E. 局部应用樟脑搓擦,可稍加用力(皮肤发红即可)以帮助渗透,但用药持续时间不宜太长

113. 下列有关尿失禁用药注意事项的说法正确的是
    A. 除去诱因,治疗原发病
    B. 改变饮食习惯
    C. 避免久坐久站
    D. 膀胱锻炼
    E. 使用抗胆碱能药物时,警惕尿潴留

114. 关于便秘的分类,有
    A. 意识性便秘
    B. 功能性便秘
    C. 痉挛性便秘
    D. 低张力性便秘
    E. 药物性便秘

115. 治疗寻常痤疮用药过氧苯甲酰注意事项应包括
    A. 如刺激性加重则立即停药;与其他抗痤疮药(硫黄、雷锁辛、水杨酸、维A酸)合用可加重对皮肤的刺激性
    B. 避免接触眼、鼻、口腔黏膜
    C. 急性炎症及破损皮肤处禁用
    D. 妊娠及哺乳期妇女、儿童慎用
    E. 有漂白作用(接触衣物脱色),不宜涂敷在有毛发的部位

116. 以下治疗阴道炎的药物中,属于处方药的是
    A. 克霉唑
    B. 氟康唑
    C. 咪康唑
    D. 制霉菌素
    E. 伊曲康唑

117. 用于治疗腹泻的双歧三联活菌胶囊的主要活性成分是
    A. 肠球菌
    B. 酵母菌
    C. 肠杆菌
    D. 双歧杆菌
    E. 乳酸杆菌

118. 以下药物中,治疗甲状腺功能亢进的药物是
    A. 别嘌醇
    B. 硫唑嘌呤
    C. 卡比马唑
    D. 甲巯咪唑
    E. 丙硫氧嘧啶

119. 以下对婴幼儿期用药特点的表述中,不正确的是
    A. 口服给药宜用糖浆剂
    B. 肌内注射为主要给药途径
    C. 使用吗啡易引起呼吸抑制
    D. 使用氨茶碱呈现兴奋作用
    E. 年龄越小对中枢镇静剂耐受力越差

120. 葡萄糖注射液的基本作用有
    A. 营养
    B. 解毒
    C. 止血
    D. 强心
    E. 利尿

参 考 答 案

1. C	2. A	3. C	4. D	5. C	6. B	7. C	8. A	9. E	10. D
11. A	12. C	13. B	14. D	15. B	16. A	17. B	18. B	19. E	20. D
21. E	22. C	23. C	24. D	25. E	26. D	27. E	28. B	29. D	30. B
31. E	32. C	33. A	34. C	35. C	36. C	37. D	38. B	39. A	40. A
41. E	42. C	43. B	44. D	45. B	46. A	47. C	48. A	49. B	50. E
51. E	52. C	53. B	54. D	55. C	56. E	57. D	58. A	59. E	60. C
61. A	62. C	63. B	64. A	65. B	66. C	67. E	68. B	69. D	70. E
71. D	72. A	73. B	74. C	75. D	76. B	77. E	78. A	79. A	80. C
81. B	82. D	83. C	84. B	85. C	86. A	87. E	88. A	89. B	90. B
91. C	92. E	93. E	94. C	95. D	96. C	97. B	98. C	99. C	100. E

101. ABCDE	102. ABE	103. ABDE	104. ABCDE	105. ABCDE
106. ABCDE	107. ABDE	108. CD	109. ABCD	110. BCDE
111. ADE	112. ABCDE	113. ABCDE	114. ABCDE	115. ABCDE
116. BDE	117. ADE	118. CDE	119. BE	120. ABE

国家执业药师资格考试

药学综合知识与技能
押题秘卷（五）

考生姓名：_____

准考证号：_____

考　　点：_____

考　场　号：_____

一、A 型题（单句型最佳选择题）

答题说明
以下每一道考题下面有 A、B、C、D、E 五个备选答案。请从中选择一个最佳答案。

1. 下列哪项是药师所有工作中最重要的内容，并且是联系、沟通医、药、患最重要的纽带
   A. 参与临床药物治疗
   B. 治疗药物监测
   C. 处方调剂
   D. 药物利用研究和评价
   E. 药学信息服务

2. 药物信息取之不尽用之不竭的源泉是
   A. 国家药典
   B. 政府文件
   C. 专业书籍
   D. 专业期刊
   E. 药物手册

3. 下列关于药学服务的基本要素，正确的是
   A. 药学服务是以实物形式满足公众的合理用药需要
   B. 药学服务的"服务"就等同于行为上的功能
   C. 药学服务仅涉及住院患者和门诊患者
   D. 药学服务中的服务包含的是一个群体（药师）对另一个群体（患者）的关怀和责任
   E. 药学服务的社会属性仅表现在服务于治疗性用药

4. 不属于 TITRS 药历模式内容的是
   A. 主题
   B. 诊疗的介绍
   C. 体检信息
   D. 正文部分
   E. 提出建议

5. 下列关于药学服务的具体工作，说法正确的是
   A. 现代药学服务要求药学工作从以调剂为主向以临床为主转移，从保证药品供应向药学技术服务转移，因此，处方调剂不再是药师直接面向患者的工作岗位
   B. 随着药师工作的转型，调剂工作要由"药学知识技术服务型"向"具体操作经验服务型"转变
   C. 治疗药物监测是药师参与临床药物治疗、提供药学服务的重要方式和途径
   D. 药物利用研究和评价的目的是普及合理用药理念和基本知识，提高用药的依从性
   E. 药物利用研究和评价的目的包括从医疗方面评价药物的合理性以及从社会、经济等方面评价药物的治疗效果

6. 药库相对湿度应保持在
   A. 20%～30%
   B. 30%～40%
   C. 40%～50%
   D. 45%～75%
   E. 70%～85%

7. 以下所列处方书写的各项要求中，最正确的是
   A. 每张处方不得超过 5 种药品
   B. 每张处方不得合并中西药品
   C. 每张处方不得超过 3 日用药量
   D. 处方中不得使用药品缩写名称
   E. 每张处方不得限于一名患者用药

8. 药师在调配处方时，对需要特殊保存条件（如 2℃～10℃）的药品应该

A. 分别包装
B. 分别发放
C. 加贴标签
D. 加贴醒目标签
E. 采用特别包装

9. 以下对"处方调配差错性质"的叙述,不正确的是
   A. 错误药品发给患者但未造成伤害
   B. 客观环境或条件所引起的差错
   C. 内部核对控制是发生差错但未发给患者
   D. 客观环境或条件可能引起的差错未发生
   E. 错误药品发给了患者,而且患者已经服用多次

10. 已知对乙酰氨基酚成人剂量1次400mg,一个体重10kg的11个月的婴儿感冒发热,按体表面积计算该患儿处方剂量应为
    A. 60mg
    B. 80mg
    C. 100mg
    D. 120mg
    E. 140mg

11. 应贮存于棕色容器内的药物是
    A. 硫糖铝片
    B. 硫酸镁
    C. 西咪替丁片
    D. 硝酸甘油片
    E. 兰索拉唑胶囊

12. 在调配处方的整个过程中,"监测药师调配处方差错"的措施是
    A. 药师审核
    B. 医师审核
    C. 临床药师核对
    D. 药师双人复核制
    E. 护士双人核对制

13. 已知10g/mL盐酸普鲁卡因溶液的冰点降低值为0.12℃,计算将1%(g/mL)盐酸普鲁卡因注射液1000mL调整为等渗溶液所需添加氯化钠的量是
    A. 6.7g
    B. 6.9g
    C. 7.1g
    D. 7.3g
    E. 7.5g

14. 下列"提高患者依从性的方法"中,最有效的是
    A. 简化治疗方案
    B. 改进药品包装
    C. 每天给药一次
    D. 发放《用药指导》等宣传材料
    E. 药师加强与患者沟通和宣传教育

15. 处方中常见外文缩写"Sig.",其含义是
    A. 立即
    B. 溶液
    C. 必要时
    D. 软膏剂
    E. 标明用法

16. 处方药品调配完成后,实施核查的人员应该是
    A. 助理药师
    B. 主管药师
    C. 主任药师
    D. 另一名药师
    E. 药剂科主任或药店经理

17. 以下有关乙型肝炎血清学检查项目中,判断"大三阳"区别于"小三阳"的主要项目是
    A. 抗HBs(+)
    B. 抗HBc(+)
    C. 抗HBe(+)

D. HBeAg(+)
E. HBsAg(+)

18. 治疗口腔溃疡用药注意事项,叙述不正确的是
   A. 甲硝唑含漱剂用后可有食欲缺乏、口腔异味、恶心、呕吐、腹泻等反应,停药后可迅速恢复。
   B. 氯己定含漱剂偶可引起接触性皮炎,高浓度溶液有刺激性,使牙齿着色,味觉失调,儿童和青年偶可发生口腔无痛性浅表脱屑损害。含漱后至少间隔30分钟才可刷牙,因为一些牙膏中含阴离子表面活性剂
   C. 西地碘含片口含后可有胃部不适、头晕等;对碘过敏者禁用
   D. 地塞米松粘贴片频繁应用可使局部组织萎缩,引起继发真菌感染等,口腔内真菌感染者禁用
   E. 地塞米松粘贴片可降低毛细小管通透性,减少炎症渗出。贴敷于溃疡处,一日总量不得超过3片,连续使用不得超过2周。

19. 以下药物中,用于治疗细菌感染性腹泻首选的是
   A. 维生素
   B. 谷维素
   C. 抗生素
   D. 黄连素
   E. 麻黄素

20. 下列不属于《国家非处方药目录》所收录治疗沙眼的制剂
   A. 10%磺胺醋酰钠滴眼剂
   B. 0.5%硫酸锌滴眼剂
   C. 0.5%红霉素眼膏
   D. 2%色甘酸钠滴眼剂
   E. 0.1%酞丁安滴眼剂

21. 治疗心力衰竭大多首选
   A. β受体阻滞药
   B. 噻嗪类
   C. ACEI
   D. 襻利尿药
   E. 强心苷类

22. 用于治疗痛经的解热镇痛非处方药是
   A. 阿托品
   B. 黄体酮
   C. 山莨菪碱
   D. 萘普生
   E. 比沙可啶

23. 以下所列抗感冒药中,为处方药的是
   A. 奥司他韦片剂(达菲)
   B. 对乙酰氨基酚片剂
   C. 含伪麻黄碱的复方制剂
   D. 含右美沙芬的复方制剂
   E. 含金刚烷胺的复方制剂

24. 以下治疗荨麻疹的抗过敏药中,属于过敏活性物质阻滞剂的是
   A. 酮替芬
   B. 异丙嗪
   C. 赛庚啶
   D. 苯海拉明
   E. 去氯羟嗪

25. 治疗寻常痤疮的处方药是
   A. 2.5%或5%过氧化苯甲酰凝胶
   B. 维A酸乳膏剂
   C. 维A酸凝胶和克林霉素磷酸酯凝胶
   D. 红霉素/过氧苯甲酰凝胶
   E. 米诺环素

26. 羧甲基纤维素钠治疗老年人痉挛性便秘,一次用量不宜超过
   A. 1g

B. 2g

C. 3g

D. 4g

E. 5g

27. 以下有关高血压药物治疗方案的叙述中,不正确的是

A. 可采用两种或两种以上药物联合用药

B. 药物治疗高血压时要考虑患者的合并症

C. 采用最小有效剂量,使不良反应减至最小

D. 首先选用血管扩张剂和中枢性抗高血压药

E. 最好选用一天一次给药持续24小时降压的药品

28. 下列药物中,不属于胃黏膜保护剂的是

A. 奥美拉唑

B. 硫糖铝

C. 瑞巴派特

D. 替普瑞酮

E. 米索前列醇

29. 庆大霉素、阿米卡星等最合理的给药方法是

A. 将全日剂量分4次静滴

B. 将全日剂量分2次静滴

C. 将全日剂量1次静滴

D. 将1次剂量分4次静注

E. 将1次剂量分2次静注

30. 以下有关"氟化物治疗骨质疏松症的作用特点",叙述最正确的是

A. 小剂量对骨量有益

B. 小剂量增加骨脆性

C. 中剂量增加骨脆性

D. 中剂量可使骨形成异常

E. 大剂量降低骨折的发生率

31. 激素替代治疗妇女绝经后骨质疏松症的主要副作用是

A. 有增重的倾向

B. 有脑卒中的危险

C. 有静脉出血的危险

D. 有脱发的倾向

E. 有增加子宫内膜的危险

32. 下列哪项检查阳性时,表示乙型肝炎患者传染性强

A. HBsAg

B. 抗-HBs

C. HBeAg

D. 抗-HBe

E. 抗-HBc

33. 以下治疗痛风的药物中,能抑制粒细胞浸润的是

A. 丙磺舒

B. 别嘌醇

C. 苯溴马隆

D. 秋水仙碱

E. 对乙酰氨基酚

34. 胰岛素笔芯在室温下最长可保存

A. 1周

B. 2周

C. 3周

D. 4周

E. 6周

35. 下列磺酰脲类降糖药中,推荐轻、中度肾功不全糖尿病患者应用的是

A. 格列喹酮

B. 格列美脲

C. 格列齐特

D. 格列吡嗪

E. 格列本脲

36. 抗甲状腺亢进药丙硫氧嘧啶的主要不良反应是
   A. 肾毒性
   B. 齿龈增生
   C. 肝功能损害
   D. 胃肠道反应
   E. 白细胞减少症

37. 在无菌医用纱布包装上不要求写明的是
   A. 灭菌的有效期
   B. 出厂日期和生产批号
   C. 酸碱性、刺激性数据和说明标识
   D. 包装破损禁用说明或标识
   E. 一次性使用说明或禁止再次使用标识

38. 连续使用易对用药者本人和社会产生危害的是
   A. 安钠咖针
   B. 布桂嗪针
   C. 盐酸丁丙诺啡针
   D. 盐酸哌替啶针
   E. 哌醋甲酯针

39. 静脉恒速滴注法要求把全日量药物置于
   A. 1500～2000mL 溶液中
   B. 1000～1500mL 溶液中
   C. 750～1000mL 溶液中
   D. 500～750mL 溶液中
   E. 500～1000mL 溶液中

40. 特殊解毒剂使用时应注意
   A. 抓紧时间,越早使用越好
   B. 不宜太早使用解毒剂,应先注意观察病情
   C. 注意剂量,剂量越大越好
   D. 为避免解毒剂引起中毒,尽量少用解毒剂
   E. 了解解毒剂的适应证和禁忌证,根据不同情况掌握使用

二、B 型题（标准配伍题）

答题说明

以下提供若干组考题,每组考题共用在考题前列出的 A、B、C、D、E 五个备选答案。请从中选择一个与问题关系最密切的答案。某个备选答案可能被选择一次、多次或不被选择。

(41～44 题共用备选答案)
   A. 主动方式
   B. 被动方式
   C. 教育方式
   D. 协商方式
   E. 指令方式

在用药咨询方式中
41. 药师日常承接的用药咨询大多是
42. 向患者发放合理用药宣传材料是
43. 对购药患者讲授安全用药常识是
44. 患者通过电话、网络或信件询问是

(45～46 题共用备选答案)
   A. 标签说明书应通俗易懂的要求
   B. 应用方便的要求
   C. 疗效确切的要求
   D. 质量稳定的要求
   E. 使用安全的要求

45. 在推荐剂量下,无严重不良反应是对非处方药的
46. 连续多次使用,机体对药物一般不易产生耐药性是对非处方药的

(47～48 题共用备选答案)
   A. 口服福莫特罗

B. 沙丁胺醇气雾吸入
C. 口服茶碱
D. 口服糖皮质激素
E. 注射肾上腺素

47. 特别适用于预防哮喘夜间发作及运动性发作的是
48. 哮喘急性发作,上次发作为一年前,首先应选

(49~51题共用备选答案)
A. 可外搽复方苯甲酸酊、十一烯酸软膏、1%特比萘芬霜剂、咪康唑霜剂,或用10%冰醋酸溶液浸泡,连续2~4周
B. 要保持干燥,避免水洗或使用肥皂;先用0.1%依沙吖啶溶液或3%硼酸溶液浸泡后涂敷含有5%水杨酸或5%~10%硫黄粉剂
C. 可应用足癣粉、足光粉、柿矾粉,或局部涂敷复方水杨酸酊、复方土槿皮酊,1日3~4次,连续15日
D. 可用10%水杨酸软膏按常规包扎,每2日换药1次,连续3~4次
E. 涂擦复方苯甲酸软膏、3%克霉唑软膏、2%咪康唑霜剂

关于治疗手足浅表性真菌感染的非处方药
49. 水疱型
50. 间擦型与糜烂型
51. 无明显糜烂时

(52~54题共用备选答案)
A. 肾小球性蛋白尿
B. 肾小管性蛋白尿
C. 混合性蛋白尿
D. 溢出性蛋白尿
E. 药物肾毒性蛋白尿

病理性蛋白尿的临床意义
52. 常见于活动性肾盂肾炎、间质性肾炎、肾小管酸中毒等
53. 见于急性和慢性肾小球炎、肾病综合征、肾肿瘤等
54. 应用氨基糖苷类抗生素

(55~56题共用备选答案)
A. 拒绝调配处方
B. 调配处方并发药
C. 依照处方调配药品
D. 拒绝调配处方,依照有关规定报告
E. 拒绝调配处方,并联系医师进行干预

55. 发现严重滥用药品的处方,应该
56. 发现处方中有不利于患者药物治疗的处方,应该

(57~58题共用备选答案)
A. 钙剂
B. 驱虫药
C. 促胃动力药
D. 非甾体抗炎药
E. 灰黄霉素

57. 适宜餐前服的药是
58. 适宜餐中服的药是

(59~61题共用备选答案)
A. 禁止使用肟类复能剂
B. 不宜用肥皂水清洗皮肤
C. 静注毒扁豆碱
D. 及早大量使用维生素B
E. 用解氟灵

59. 三环类抗抑郁药中毒
60. 氨基甲酸酯类中毒
61. 敌百虫中毒

(62~64题共用备选答案)
A. 肺炎链球菌肺炎
B. 葡萄球菌肺炎
C. 克雷白杆菌肺炎
D. 支原体肺炎
E. 病毒性肺炎

62. 确诊有赖于痰培养、X线和细菌学检查,呼

吸道分泌物中有细胞核的包涵体的是

63. 确认有赖于痰培养核细菌学检查,血白细胞计数增高,中性粒细胞比例增加,有核左移并有中毒颗粒的是

64. X线显示肺段或肺叶实变,或呈小叶样浸润,有片状阴影伴随空洞核液平,可见液气囊腔,常伴有胸腔积液的是

(65～66题共用备选答案)
A. 吸收的相互作用
B. 分布的相互作用
C. 代谢的相互作用
D. 排泄的相互作用
E. 消除的相互作用

65. 氨茶碱与碳酸氢钠伍用属于
66. 葡萄柚汁升高地平类药物水平属于

(67～68题共用备选答案)
A. 维生素C
B. 磷酸可待因
C. 氯化铵
D. 青霉素
E. 硫酸亚铁

67. 吸湿后就会变性的药品为
68. 吸湿后就会变质的药品为

(69～71题共用备选答案)
A. 肾功能损害
B. 肝功能损害
C. 胃肠道损害
D. 心脑血管事件
E. 引起荨麻疹、瘙痒、剥脱性皮炎等皮肤损害

69. 非甾体抗炎药美洛昔康可导致
70. 非甾体抗炎药塞来昔布可导致
71. 非甾体抗炎药对乙酰氨基酚可导致

(72～73题共用备选答案)
A. 庆大霉素
B. 苯妥英钠
C. 维拉帕米
D. 葡萄糖酸钙
E. 顺铂

72. 直接静脉推注易引起呼吸抑制的药物是
73. 应用时患者应进行水化利尿的药物是

(74～76题共用备选答案)
A. 沙丁胺醇
B. 克仑特罗
C. 特布他林
D. 福莫特罗
E. 沙美特罗

74. 作用持续时间最久的长效β受体激动剂,治疗夜间哮喘发作的是
75. 推荐气雾吸入给药,用药后支气管扩张、立即平喘的是
76. 用药剂量极小(微克级)的平喘药,常滥用于饲养瘦肉猪的是

(77～78题共用备选答案)
A. 地西泮
B. 丙磺舒
C. 氯化钙
D. 氯化铵
E. 氨茶碱

77. 口服可以减少青霉素类和头孢菌素类抗生素排泄的是
78. 有利于弱碱性药物(如生物碱等)从尿液中排出的是

(79～80题共用备选答案)
A. 直接成本
B. 间接成本
C. 隐性成本
D. 固定成本
E. 机会成本

79. 用于药物治疗及其他相关治疗的费用属于
80. 因疾病引起的疼痛和治疗中带来痛苦代价

属于

(81~82题共用备选答案)

A. 非适应证用药
B. 超适应证用药
C. 非规范用药
D. 撒网式用药
E. 过度治疗用药

81. 二甲双胍用于非糖尿病患者的减肥属于
82. 罗非昔布用于预防结肠、直肠癌属于

(83~85题共用备选答案)

A. 早产儿
B. 新生儿
C. 婴幼儿
D. 儿童
E. 成年人

83. 青霉素G的半衰期长达3小时的儿童发育阶段是
84. 对苯巴比妥等镇静剂有一定耐受力的儿童发育阶段是
85. 因新陈代谢旺盛,用药要防止水电解质平衡紊乱的是

三、C型题（综合分析选择题）

答题说明

以下提供若干个案例,每个案例下设若干个考题。每一道考题下面有 A、B、C、D、E 五个备选答案。请从中选择一个最佳答案。

(86~88题共用题干)

患者,女,13岁,因"双眼发红,疼痛10天"入院治疗,无既往药物过敏史及输血史。于10天前出现双眼发红、疼痛,无流脓,视力减退；结膜、咽部充血,扁桃体不肿大,心肺、腹部无异常；肢体活动正常。拟诊为双眼卡他性结膜炎。

86. 下列致病菌,非急性卡他性结膜炎的致病菌是

A. 肺炎双球菌
B. 流感杆菌
C. 大肠杆菌
D. 葡萄球菌
E. 链球菌

87. 下列选项中,可用作治疗细菌感染引起的急性卡他性结膜炎的非处方药是

A. 磺胺醋酰钠滴眼液
B. 阿昔洛韦滴眼液
C. 色甘酸钠滴眼液
D. 醋酸可的松
E. 四环素眼膏

88. 下列眼科疾病由过敏原因引起的是

A. 急性卡他性结膜炎
B. 流行性出血性结膜炎
C. 春季卡他性结膜炎
D. 流行性结膜炎
E. 沙眼

(89~93题共用题干)

患者,男,36岁,既往史：有高血脂症病史10年,间断服用辛伐他汀、非诺贝特、血脂康等药物,血脂始终偏高。辅助检查：TG 9.30mmol/L,LDL/HDL 0.03。近期就诊后服用舒降之(辛伐他丁片)20mg 晚间服用一次,血脂略有降低。

89. 该患者最可能是下列临床分型的哪一类

A. 继发性高血脂症
B. 原发性高血脂症
C. 高胆固醇血症
D. 混合型高血脂症
E. 低高密度脂蛋白血症

90. 主要降TG兼降TC的药物是

A. 吉非贝齐

B. 多烯脂肪酸类(鱼油)

C. 普罗布考

D. 辛伐他汀

E. 多潘立酮

91. 现有调节血脂药只能干扰脂质代谢过程中某一个或几个环节,应该根据其机制

    A. 提倡联合用药

    B. 提倡晚间服药

    C. 首先采用饮食疗法

    D. 及时停用某类调节血脂药

    E. 服用贝丁酸类的患者慎合用华法林

92. 服用他汀类血脂调节药可能导致

    A. 血白细胞减少

    B. 血清血红蛋白升高

    C. 血清总胆固醇升高

    D. 血清碱性磷酸酶升高

    E. 粪便细胞显微镜检查检出真菌

93. 依替米贝属于哪类血脂调节药物

    A. 烟酸类

    B. 贝丁酸类

    C. 胆酸螯合剂

    D. 胆固醇吸收抑制剂

    E. HMG-CoA 还原酶抑制剂

(94~97 题共用题干)

患者,男,53 岁,干部。因心前区疼痛 6 年,加重伴呼吸困难 10 小时入院。入院前 6 年感心前区疼痛,痛系膨胀性或有压迫感,多于劳累、饭后发作,每次持续 3~5 分钟,休息后减轻。入院检查:体温 37.8℃,心率 130 次/分,血压 80/40mmHg。呼吸急促,颈静脉稍充盈,双肺底部可闻湿性啰音,心界向左扩大,心音弱,入院诊断为冠心病。

94. 在冠状动脉固定性严重狭窄基础上,由于心肌负荷的增加引起心肌急剧的、暂时的缺氧缺血的临床综合征,即稳定性心绞痛,下列有关其用药不当的是

    A. 发作时可含服作用较快的硝酸酯制剂,

首次服用硝酸甘油时,应注意可能发生直立性低血压

    B. 阿司匹林是是常用药,主要不良反应为胃肠道出血或者阿司匹林过敏

    C. 稳定性心绞痛患者,合并高血压、糖尿病、心力衰竭的患者可选用卡托普利、依那普利等药物

    D. 他汀类药物能有效降低 TC 和 LDL-C,其主要不良反应是头痛、面色潮红、心率反射性加快和低血压等

    E. 地尔硫䓬和维拉帕米不能应用于已有严重心动过缓、高度房室引导阻滞和病态窦房结综合征的患者

95. 合并冠心病患者可从中选用的药物是

    A. 硝普钠、利尿药、ACEI

    B. 利尿药、长效二氢吡啶类钙通道阻滞药、ACEI

    C. β 受体阻断药、钙拮抗剂、ACEI

    D. ACEI、ARB、利尿药

    E. ACEI、ARB

96. 下列属于急性冠状动脉综合征的是

    A. 稳定型心绞痛

    B. 非 ST 段抬高型心肌梗死

    C. 冠状动脉粥样硬化型心脏病

    D. 无症状型心肌缺血型

    E. 缺血性心肌病型

97. 下列冠心病治疗药物属于 ADP 受体阻断剂的是

    A. 硝酸异山梨酯

    B. 艾司洛尔

    C. 比伐卢定

    D. 雷米普利

    E. 氯吡格雷

(98~100 题共用题干)

某女性,19 岁,2 年前因上呼吸道感染后逐渐出现甲状腺肿大,伴多汗、多食、消瘦、心悸、烦躁,根据血 T3、T4、TSH 检查,诊断为甲亢。

98. 该患者的可能诊断为

A. 单纯性甲状腺肿
B. 甲状腺功能减退
C. 甲状腺功能亢进
D. 亚急性甲状腺炎
E. 桥本甲状腺炎

99. 该患者可首选
A. 丙硫氧嘧啶
B. 碘化钾
C. 碳酸锂
D. 放射性 ^{131}I 治疗
E. 手术治疗

100. 甲硫咪唑的不良反应不包括
A. 皮疹
B. 白细胞计数减少
C. 粒细胞计数减少
D. 嗜睡
E. 肝功能损害

四、X 型题（多项选择题）

答题说明

以下每一道考题下面有 A、B、C、D、E 五个备选答案。请从中选择二个或二个以上的正确答案。

101. 药师发药注意事项包括
A. 核对患者姓名,最好询问患者所就诊科室以确认患者
B. 逐一核对药品与处方的相符性,检查药品剂型、规格、剂量、数量和包装,并签字
C. 发现调配处方有错误时,将处方和药品退回调配处方者,并及时更正
D. 发药时向患者交代每种药品的用法和特殊注意事项,同一药品有两盒以上时需要特别交代;交付处方药品时向患者进行用药指导。如患者有咨询问题,应尽量解答;对较复杂的问题,则建议患者到药物咨询窗口
E. 发药时应注意尊重患者隐私

102. 关于老年人用药注意事项说法错误的是
A. 老年人如患有骨质疏松,可用可的松类药
B. 老年人输注生理盐水,每天不得超过 1000mL
C. 输葡萄糖注射液要警惕老人有无糖尿病,如有糖尿病应加适量胰岛素及钠盐
D. 男性老年人如患有前列腺肥大,应注意应用抗胆碱药物,以免引起尿潴留
E. 要切记老年人的各种功能减退,要特别注意合理选择药物

103. 医师处方中,正确表示剂量的国际单位制是
A. 以 3 级计量单位表示
B. 以 5 级计量单位表示
C. 以特定的单位或国际单位表示
D. 容量以升等 3 级计量单位表示
E. 质量以千克等 5 级计量单位表示

104. 处方按其性质主要分
A. 法定处方
B. 医师处方
C. 药师处方
D. 协定处方
E. 住院处方

105. 服后宜多饮水的口服药物,其中有
A. 茶碱类平喘药可提高肾血流量,具有利尿作用;且哮喘者往往伴有血容量较低,宜适量补充液体

B. 利胆药苯丙醇、羟甲香豆素、去氢胆酸和熊去氧胆酸可引起胆汁过度分泌和腹泻,服用时应尽量多喝水

C. 抗尿结石药应用排石汤、排石冲剂或优克龙(日本消石素)宜多饮水,以冲洗尿道,并稀释尿液,减少尿盐沉淀

D. 磺胺药主要由肾排泄,尿液中浓度高,可形成结石性沉淀;服用后宜大量饮水,也可加服碳酸氢钠以碱化尿液

E. 抗痛风药应用排尿酸药苯溴马隆、丙磺舒、别嘌醇应多饮水并碱化尿液,以防止尿酸在排出过程中沉积形成结石

106. 下列适宜睡前服用的药物中,属于依据生物钟规律给药的是
A. 铁剂
B. 平喘药
C. 催眠药
D. 抗过敏药
E. 调节血脂药

107. 下列关于处方制度,说法正确的是
A. 医师、医士处方权由科主任提出,院长批准,登记备案
B. 凡处方不合规定者,药剂科有权拒绝调配
C. 医师不得为本人或家属开处方
D. 处方一般用钢笔或毛笔书写,字迹要清除,不得涂改
E. 药剂师(药剂士)有权监督医生科学用药,合理用药

108. 调剂室的差错登记制度有利于提高医师和药师业务水平,差错登记的内容包括
A. 发生的时间差错
B. 发生的地点差错
C. 事故内容与性质差错
D. 护士给药差错
E. 病人用药差错

109. 下列药品中,可能与青霉素竞争自肾小管排泄、致使青霉素血浆浓度增大,半衰期延长的药品是
A. 保泰松
B. 格列喹酮
C. 阿司匹林
D. 吲哚美辛
E. 磺胺异噁唑

110. 以下关于《中国国家处方集》的编写原则,正确的是
A. 优先使用基本药物
B. 以《WHO示范处方集》为依据
C. 以"以药带病"的方式编写
D. 根据卫生部《临床诊疗指南》
E. 是国家规范处方行为和指导合理用药的法规性和专业性文件

111. 除熟练掌握药学专业基础知识与技能之外,从事药学服务的药师应具备的素质是
A. 较强的药历书写能力
B. 较强的审核处方能力
C. 较高的交流沟通能力
D. 熟练的外语口语能力
E. 一定的投诉应对能力和技巧

112. 下列药学文献评价标准中,评价三级信息源资料的标准是
A. 内容是否最新
B. 收载杂志的数量、专业种类
C. 作者是否从事过该领域的工作
D. 是否提供相关信息的引文或链接
E. 提供的信息是否有参考文献支持

113. 需要根据患者生化指标制订个体化给药方案的是
A. 血清肌酐法
B. 药物基因组学法
C. 患者剂量体重法

D. 国际标准化比值(INR)
E. 药动学/药效学参数法

114. 下列药品中,不宜冷冻的药品是
    A. 静脉输液
    B. 胰岛素制剂
    C. 人血液制品
    D. 卡前列甲酯栓
    E. 莫西沙星注射液

115. 下列药物中,可能导致粒细胞减少症的药物是
    A. 氯霉素
    B. 氯氮平
    C. 异烟肼
    D. 阿司匹林
    E. 维生素 K

116. 不容易通过透析膜被清除的药物的理化特性是
    A. 脂溶性强
    B. 水溶性好
    C. 分布容积小
    D. 分子量小于 500
    E. 与血浆蛋白结合率高

117. 病人接受合格药品、正常剂量时,出现的以下有害反应情况,ADR 因果关系确定程度可判断为"可疑"的情况包括
    A. 已知的药物反应类型
    B. 停药后反应减轻或消失
    C. 与用药有合理的时间顺序
    D. 再次给药后反应反复出现
    E. 无法用疾病、合用药等解释

118. 用药差错发生后,需要监测差错对患者可能产生的后果包括
    A. 生命垂危
    B. 永久性伤害
    C. 暂时性伤害
    D. 医疗事故鉴定
    E. 需要住院或延长患者住院时间

119. 以下药品保管方法中,适于保管受潮而易变质药品的是
    A. 设置除湿机、排风扇
    B. 控制室温不超过 20℃
    C. 控制药库湿度 45%~75%
    D. 不得与其他药品同库贮存
    E. 门、窗粘贴黑纸,悬挂黑布帘

120. 下列关于排便和便秘的说法正确的有
    A. 人体在进食后,通常 10~40 小时后排出粪便
    B. 一般认为,一日排便不多于 3 次或每周不少于 3 次,每次大便的重量为 150~350g,皆为正常
    C. 决定便秘的程度是大便的次数
    D. 一般成人 2 日或儿童 4 日以上不排便者为便秘
    E. 便秘仅是一个症状,不一定是疾病

参 考 答 案

1. C	2. D	3. D	4. C	5. C	6. D	7. A	8. D	9. B	10. C
11. D	12. D	13. B	14. A	15. E	16. D	17. D	18. E	19. D	20. D
21. D	22. C	23. A	24. A	25. E	26. B	27. D	28. A	29. C	30. A
31. E	32. C	33. D	34. D	35. A	36. E	37. C	38. D	39. E	40. E
41. B	42. A	43. A	44. B	45. E	46. C	47. A	48. B	49. A	50. B
51. C	52. B	53. A	54. E	55. D	56. E	57. C	58. E	59. C	60. A
61. B	62. E	63. C	64. B	65. A	66. C	67. C	68. E	69. E	70. D
71. B	72. A	73. E	74. E	75. A	76. B	77. B	78. D	79. A	80. C
81. B	82. B	83. B	84. C	85. D	86. C	87. A	88. C	89. B	90. A
91. A	92. D	93. D	94. D	95. C	96. B	97. E	98. C	99. A	100. D

101. ABCDE	102. ABC	103. CDE	104. ABD	105. ABCDE
106. BCE	107. ABCDE	108. ABC	109. ACDE	110. ABDE
111. ABCE	112. ACDE	113. AD	114. ABCE	115. ABCD
116. AE	117. ACE	118. ABCE	119. AC	120. ABDE

试卷标识码:

国家执业药师资格考试

药学综合知识与技能
押题秘卷（六）

考生姓名：_____

准考证号：_____

考　　点：_____

考　场　号：_____

药学综合知识与技能押题秘卷(六)

一、A 型题（单句型最佳选择题）

答题说明

以下每一道考题下面有 A、B、C、D、E 五个备选答案。请从中选择一个最佳答案。

1. 下列药学服务的重要人群中，特殊人群是指
   A. 小儿、老人、妊娠及哺乳期妇女
   B. 药物治疗窗窄，需要做监测者
   C. 用药后容易出现明显不良反应者
   D. 用药效果不佳，需要重新选择药品或调整用药方案者
   E. 患有高血压、糖尿病，需长期联合应用多种药品者

2. 口服补液盐（氯化钠 3.5g、碳酸氢钠 2.5g 和葡萄糖 20g，加水至 1000mL）用于中度脱水腹泻病人，成人需 3400mL。问给予体重 10kg 的患儿口服补液盐多少克，配成多少毫升
   A. 20.8g，800mL
   B. 22.1g，850mL
   C. 23.4g，900mL
   D. 24.7g，950mL
   E. 26.0g，1000mL

3. 关于处方权限的问题，不正确的是
   A. 开具处方是医师的特有权
   B. 医师必须尊重病人对药物预防、诊断和治疗的知情权
   C. 患者的病情及用药必须得到开具处方医生和配方药师的尊重与保密
   D. 开具处方的医师必须是医学院校毕业，取得任职资格，并在卫生行政部门注册后方具有处方资格
   E. 医疗机构中有处方资格的医师须经科主任审核，医务部门批准，将本人签字在药剂科留样备查

4. 已知 1%（g/mL）一水葡萄糖溶液的冰点降低值为 0.091℃，计算其等渗溶液的百分浓度是
   A. 5.1%（g/mL）
   B. 5.3%（g/mL）
   C. 5.5%（g/mL）
   D. 5.7%（g/mL）
   E. 5.9%（g/mL）

5. 关于给制定药方案的描述，错误的是
   A. 要明确目标血药浓度范围
   B. 半衰期在 30 分钟～8 小时者维持有效治疗浓度困难较大
   C. 半衰期大于 24 小时者每天给药 1 次较为方便
   D. 治疗指数低的药物一般静脉给药
   E. 治疗过程中应密切关注和预测疾病的发展

6. 以下有关医院协定处方的涵义叙述中，最正确的是
   A. 医院协定处方也是法定处方
   B. 协定处方由药师或医师制定
   C. 每个医院的协定处方仅限于在本单位使用
   D. 制定协定处方的目的只是为了大量配制和储备药品
   E. 协定处方是医院院长根据日常医疗用药需要而制定的

7. 小儿呼吸道感染可服用琥乙红霉素颗粒，剂量为 30～50mg/(kg·d)，分 3～4 次服用，一位体重为 20kg 的儿童一次剂量应为
   A. 175～250mg 或 125～225mg
   B. 200～333mg 或 150～250mg

C. 215~350mg 或 175~270mg
D. 225~375mg 或 200~300mg
E. 250~375mg 或 225~325mg

8. 为确保药品与货架标签对应,往药房货架码放药品的药学人员必须
   A. 经受学习与训练
   B. 经受训练与考试
   C. 经受考试与授权
   D. 经受训练与授权
   E. 经受资格考核与授权

9. 某小儿体重20kg,用药剂量约应为成人剂量的
   A. 1/5
   B. 2/5
   C. 1/4
   D. 1/2
   E. 2/3

10. 处方调配程序中,对执业药师技术要求较高的两项工作是
    A. 核查和发药
    B. 收方和划价
    C. 收方审核和调配
    D. 划价和调配
    E. 调配和发药

11. 临床按规定做皮肤过敏试验时,皮内注射容量一般是
    A. 0.01mL
    B. 0.02mL
    C. 0.05mL
    D. 0.10mL
    E. 0.20mL

12. 使用抗过敏药治疗荨麻疹,拟进行变应原皮试的时间是在
    A. 停用抗过敏药之后

B. 停用所用药物之后
C. 停用抗过敏药36~48小时后
D. 停用抗过敏药48~72小时后
E. 停用抗过敏药72~96小时后

13. 抗过敏药可以治疗荨麻疹,可是驾车、高空作业、精密机械操作者服用后应休息
    A. 3小时以上
    B. 4小时以上
    C. 5小时以上
    D. 6小时以上
    E. 7小时以上

14. 治疗蛔虫病药物伊维菌素的主要作用机制是
    A. 神经肌肉阻滞作用
    B. 麻痹虫体肌肉作用
    C. 杀灭蛔虫及鞭虫的虫卵
    D. 适用于多种线虫的混合感染
    E. 破坏中枢神经系统突触传递过程

15. 视疲劳的临床表现不包括
    A. 眼眶疼痛
    B. 视力模糊
    C. 泪液增多
    D. 眼睑沉重
    E. 有异物感

16. 治疗寻常痤疮用锌的最佳剂量是
    A. 每次3~4mg
    B. 每日3~4mg
    C. 每日30~40mg
    D. 每次30~40mg
    E. 每日300~400mg

17. 局部冻伤未形成溃疡切忌以热水敷或热火烘烤;可轻轻按摩或温水湿敷(促进血液循环),外涂
    A. 10%氧化锌软膏

B. 1%肌醇烟酸酯软膏
C. 敷紫云膏
D. 0.02%高锰酸钾溶液浸泡
E. 10%鱼石脂软膏

18. 帮助消化处方药是
    A. 维生素B
    B. 依托必利
    C. 干酵母(酵母片)
    D. 口服双歧杆菌胶囊
    E. 胃蛋白酶

19. 以下有关抗过敏药治疗荨麻疹的注意事项的叙述中,不正确的是
    A. 妊娠期和哺乳期妇女应慎用抗过敏药
    B. 服用抗过敏药药期间不宜同时服用镇静催眠药
    C. 应用抗过敏药2日后仍不见效时应及时去医院诊治
    D. 6岁以下儿童慎用阿司咪唑等
    E. 驾车、高空作业、精密机械操作者工作前不得服用

20. 《国家非处方药物目录》收载的铁剂,不包括
    A. 硫酸亚铁
    B. 乳酸亚铁
    C. 葡萄糖酸亚铁
    D. 右旋糖酐铁和琥珀酸亚铁
    E. 维生素B_{12}

21. 激惹性腹泻的常见病因是
    A. 直肠或结肠溃疡、肿瘤或炎症
    B. 消化不良、吸收不良或暴饮暴食
    C. 细菌、真菌、病毒、寄生虫感染
    D. 肠道正常菌群的数量或比例失衡
    E. 外界的各种刺激,如受寒、过食辛辣食物等

22. 伊曲康唑与特比萘芬内服适宜治疗
    A. 角化皲裂型足癣
    B. 水疱型足癣
    C. 糜烂型足癣
    D. 间擦型足癣
    E. 糜烂型手癣

23. 在应用丙磺舒治疗痛风期间,应摄入充足的水分,并维持尿液pH值在
    A. 5.0~5.5
    B. 5.0~6.0
    C. 6.0~6.5
    D. 6.0~7.5
    E. 7.0~7.5

24. 关于结核病的叙述,说法不正确的是
    A. 结核病是由结核分枝杆菌侵入体内所致的初发或继发性感染
    B. 避免与克服细菌耐药,是结核病化学治疗成功的关键
    C. 呼吸道感染是肺结核的主要感染途径
    D. 结核病的临床表现如为午后低热、乏力、食欲减退、消瘦、盗汗,属全身症状
    E. 干咳或有少量黏液痰,是结核病在呼吸系统的表现

25. 通常用于妊娠高血压患者紧急降压的药物是
    A. 缬沙坦
    B. 呋塞米
    C. 赖诺普利
    D. 硝苯地平
    E. 维拉帕米

26. 哪一选项的描述是3型高脂血症的特点
    A. 比较罕见的遗传疾病,发病于儿童期,常伴皮疹、黄色瘤、腹痛
    B. 较多见,呈染色体显性遗传
    C. 常伴有肥胖症、糖尿病、急性胰腺炎、肝

脾肿大

D. 为常染色体隐性遗传,易诱发动脉粥样硬化,在手掌纹理处、眼睑和肌腱处多发结节性黄瘤

E. 常早发冠心病、脑卒中,可伴有胰腺炎、糖尿病,容易诱发冠心病

27. 心房颤动时 f 波的频率是
   A. 150～250 次/分
   B. 260～300 次/分
   C. 100～120 次/分
   D. 350～600 次/分
   E. >600 次/分

28. 老年性骨质疏松症的主要诱发因素是
   A. 体内激素
   B. 增龄衰老
   C. 体内激素不平衡
   D. 体内雌激素不足
   E. 1,25 - 二羟基骨化醇不足

29. 下列抗抑郁药物,属于选择性 5 - 羟色胺再摄取抑制剂(SSRI)的是
   A. 马普替林
   B. 氯米帕明
   C. 文拉法辛
   D. 西酞普兰
   E. 吗氯贝胺

30. 以下导致消化性溃疡复发的原因中,最主要的病源性因素是
   A. 吸烟
   B. 感染的幽门螺杆菌没有彻底清除
   C. 过量饮用烈性酒和食用有刺激性食物
   D. 服用非甾体抗炎药的同时使用米索前列醇
   E. 恐惧、紧张、焦虑情绪导致迷走神经兴奋

31. 一般情况下,高血压病人一日服用一次长效降压药的最佳时间是
   A. 晨 5 时
   B. 晨 7 时
   C. 上午 10 时
   D. 傍晚 7 时
   E. 晚间 10 时

32. 治疗高血压的主要目的是最大限度地
   A. 降低并发肾病的危险
   B. 降低并发糖尿病的危险
   C. 降低心血管发病和死亡的总危险
   D. 降低视网膜病变和死亡的总危险
   E. 降低静脉发生病变和死亡的总危险

33. 以下药物中,治疗高胆固醇症首选的药物是
   A. 烟酸
   B. 吉非贝齐
   C. 普伐他汀
   D. 考来替泊
   E. 阿昔莫司

34. 下面属于药物经济学评价中表示用药效果的指标是
   A. 发病率
   B. 病人满意程度
   C. 病人的舒适程度
   D. 与健康相关的生活质量
   E. 净收益

35. 社会在实施某一药物治疗方案过程中所投入的下列资源属于间接成本的是
   A. 医生的时间
   B. 医生的工资
   C. 劳动力降低或丧失带来的经济损失
   D. 病人的差旅费
   E. 因病引起的疼痛

36. 下列药品中,新生儿局部应用过多可能导

致中毒的是
A. 硼酸
B. 炉甘石
C. 氧化锌
D. 滑石粉
E. 甘油溶液

37. 下列药物中,不属于抗血小板药的是
A. 阿司匹林
B. 氯吡格雷
C. 双密达莫
D. 噻氯匹定
E. 依诺肝素

38. 下列药物中血浆蛋白结合率最低的是
A. 阿米替林
B. 吲哚美辛
C. 双香豆素
D. 妥布霉素
E. 多西环素

39. 一般药品贮存的适宜室温为
A. 30℃~40℃
B. 0℃~5℃
C. 10℃~30℃
D. 5℃~10℃
E. -4℃~0℃

40. "限定日剂量"的英文缩写是
A. DDD
B. DUI
C. DBI
D. DOCA
E. DMPA

二、B型题（标准配伍题）

答题说明

以下提供若干组考题,每组考题共用在考题前列出的A、B、C、D、E五个备选答案。请从中选择一个与问题关系最密切的答案。某个备选答案可能被选择一次、多次或不被选择。

(41~44题共用备选答案)
A. 用药记录
B. 用药评价
C. 主诉信息
D. 病历摘要
E. 基本情况

中国药学会医院药学专业委员会结合国外药历模式,发布了国内药历书写原则与格式,具体内容包括

41. 写明用药问题与指导、药学监护计划、药学干预内容、TDM数据、对药物治疗的建设性意见、结果评价的项目称为

42. 写明药品名称、规格、剂量、给药途径、起始时间、停药时间、联合用药、不良反应或药品短缺品种的项目称为

43. 注明患者姓名、性别、年龄、出生年月、职业、体重或体重指数、婚姻状况、病案号或病区病床号等的项目称为

44. 写明既往病史、体格检查、临床诊断、非药物治疗情况、既往用药史、药物过敏史、主要实验室检查数据、出院或转归的项目称为

(45~48题共用备选答案)
A. 签字
B. 主诉信息
C. 体检信息
D. 提出治疗方案
E. 评价

关于SOAP药历模式

45. S是指

46. O是指

47. A 是指

48. P 是指

(49~50题共用备选答案)
A. 80~220U/L(速率法)
B. 100~1200U(速率法)
C. 180~220U/L(速率法)
D. 100~1200U/L(碘-淀粉比色法)
E. 80~220U/L(碘-淀粉比色法)

49. 尿淀粉酶正常值参考范围是

50. 血清淀粉酶正常值参考范围是

(51~52题共用备选答案)
A. 白细胞减少
B. 血小板减少
C. 白细胞增多
D. 血红蛋白增多
E. 中性粒细胞减少

51. 解热镇痛药可能引起

52. 对氨基水杨酸钠可能引起

(53~54题共用备选答案)
A. 8.8~17.6mmol/24h
B. 10.0~20.0mmol/24h
C. 7.0~15.8mmol/24h
D. 8.0~16.0mmol/24h
E. 8.8~13.2mmol/24h

53. 尿肌酐,男性正常参考范围(碱性苦味酸法)为

54. 尿肌酐,女性正常参考范围(碱性苦味酸法)为

(55~56题共用备选答案)
A. 尿蛋白
B. 尿葡萄糖
C. 尿隐血
D. 尿红素
E. 尿液的酸碱度改变

55. 氨丁三醇可能引起

56. 多黏菌素可能引起

(57~59题共用备选答案)
A. 尿胆原增多
B. 尿胆原减少
C. 肝细胞黄疸和溶血性黄疸
D. 阻塞性黄疸
E. 其他疾病

57. 病毒性肝炎、药物性肝炎、中毒性肝炎、肝硬化表现为

58. 胆总管结石,表现为

59. 由于肿瘤(胰头癌)压迫所致的阻塞性黄疸,尿胆原可进行性减少直至消失,属于

(60~61题共用备选答案)
A. 内分泌与代谢系统疾病
B. 甲状腺功能亢进
C. 糖原积累病
D. 麻疹
E. 严重进行性肌萎缩、进行性肌营养不良等疾病

60. 表现为尿肌酐病理性增加的是

61. 表现为尿肌酐病理性减少的是

(62~63题共用备选答案)
A. 药物治疗差错
B. 医生处方差错
C. 患者执行医嘱错误
D. 护士执行医嘱错误
E. 药师调配处方差错

62. 护士双人核对制与临床药师核对可监测

63. 医生和药师加强对患者用药指导可监测

(64~67题共用备选答案)
A. 成为抢救病人毒物中毒解救团队中的一员
B. 使医师了解对新药系统评价的信息,为临床合理用药提供依据
C. 保证了治疗药物的安全有效,延长了患

者的存活时间
D. 为药物经济学评价提供理论参数,为公正解决医患纠纷提供科学的论证指导
E. 增强公众健康意识,减少影响健康的危险因素

64. 药师向医师提供新药信息的目的是
65. 治疗药物监测的目的是
66. 药师向医师开展药品不良反应信息的咨询服务,有益于
67. 药师积极参与临床用药方案的设计,可以

(68~69题共用备选答案)
A. 抗菌药物的合理使用
B. 减肥、补钙、补充营养素
C. 一种药品有多种适应证或用药剂量范围较大
D. 栓剂、滴眼剂和气雾剂等外用剂型的正确使用方法
E. 处方中用法用量非药品说明书中指示的用法、用量、适应证

68. 患者用药咨询的内容是
69. 公众用药咨询的内容是

(70~71题共用备选答案)
A. 个例示范法
B. 座谈讨论法
C. 媒介传播法
D. 咨询答疑法
E. 专题讲座法

70. 组织糖尿病患者交流用药经验属于
71. 利用电视节目进行用药宣传属于

(72~74题共用备选答案)
A. 氟轻松
B. 布洛芬
C. 曲安奈德
D. 布地奈德
E. 倍氯米松

72. 治疗儿童和成人哮喘,不含卤素的吸入型糖皮质激素是
73. 为地塞米松的衍生物,但比地塞米松抗炎作用强数百倍的是
74. 偶可致无菌性脑膜炎的非甾体抗炎药是

(75~76题共用备选答案)
A. 诺氟沙星
B. 泼尼松
C. 紫霉素
D. 美洛昔康
E. 头孢曲松

75. 可导致肝肾毒性、幼龄动物关节软骨毒性的药物是
76. 长期大量应用可促进蛋白质分解而导致骨质脱钙的药物是

(77~80题共用备选答案)
A. 最小成本分析
B. 成本效果分析
C. 成本效用分析
D. 回顾性研究
E. 成本效益分析

77. 其结果以单位健康效果增加所需成本值表示的方法是
78. 常用单位是生命质量调整年的方法是
79. 研究前提要求药物效果完全相同的方法是
80. 是成本效果分析的一种特例的方法是

(81~83题共用备选答案)
A. ≥300 例
B. 20~30 例
C. 主要病种≥100 例
D. 常见病≥2000 例
E. 多发病≥300 例,其中主要病种≥100 例

关于药物临床试验样本数
81. Ⅰ期临床试验样本数是
82. Ⅱ期临床试验样本数是

83. Ⅳ期临床试验样本数是

(84～85题共用备选答案)
A. 腐蚀性药品
B. 容易吸湿的药品
C. 极毒及杀害性药品
D. 容易受光线影响而变质的药品
E. 容易受温度影响而变质的药品

药品的一般保管方法
84. 需用玻璃瓶分装、软木塞塞紧、蜡封、外加螺旋盖的是
85. 根据其不同性质要求,分别存放于阴凉处、凉暗处或冷处的是

三、C型题(综合分析选择题)

答题说明

以下提供若干个案例,每个案例下设若干个考题。每一道考题下面有A、B、C、D、E五个备选答案。请从中选择一个最佳答案。

(86～89题共用题干)
患者,男,62岁,平时喜喝酒,抽烟,上楼时突感胸闷憋气、呼吸困难,倒地。送医院就诊,给予彩超检查后诊断为下肢静脉血栓,治疗无效;转院治疗检查结果如下:血肌酐202μmol/L、尿蛋白(++)、潜血(++),确诊为慢性肾功能不全。

86. 肾功能不全患者,用药注意事项较多,其中严重肾功能不全者禁用
A. 复方新霉素软膏
B. 聚维酮碘
C. 高锰酸钾
D. 75%乙醇
E. 莫匹罗星软膏

87. 肾功能不全患者用药原则,下列说法错误的是
A. 避免或减少肾毒性大的药物
B. 根据肾功能的情况调整用药剂量和给药间隔时间
C. 必须时进行TDM
D. 给药间隔不变,减小剂量
E. 实行个体化给药

88. 以下药物中可经过肝、肾两种途径排泄的药物是
A. 四环素
B. 庆大霉素
C. 青霉素
D. 利福平
E. 酮康唑

89. 下列不属于尿失禁患者慎用的药物是
A. 氟哌啶醇
B. 氯丙嗪
C. 甲基多巴
D. 哌唑嗪
E. 阿片

(90～93题共用题干)
患者,男,77岁,退休干部,患腰腿疼数年,近日加重,经本市中心医院检查,诊断为严重的骨质疏松症,后经医院采用注射密钙息、口服帮特灵等治疗,症状略微好转。

90. 以下有关老年性骨质疏松症特点的叙述中,不正确的是
A. 甲状旁腺激素减少
B. 主要诱发因素是增龄衰老
C. 1α,25-双羟骨化醇原发性减少
D. 处一般在椎体、股骨上端易骨折
E. 丢失骨质的骨种类以松质骨、皮质骨为主

91. 雌激素受体调节剂治疗骨质疏松的注意事项是
A. 绝经期后2年以上的妇女方可应用

B. 定期监测血浆钙水平
C. 同时补充钙制剂
D. 外周血中白细胞偏低者慎用
E. 妊娠期甲状腺功能亢进患者慎用

92. 治疗骨质疏松的药物中,属于促进骨矿化剂的是
    A. 钙制剂、维生素
    B. 二膦酸盐
    C. 氟制剂
    D. 激素替代剂
    E. 雌激素受体调节剂

93. 骨质疏松症的治疗一般多采用联合用药,其药物不包括
    A. 钙制剂
    B. 维生素 D
    C. 甲状旁腺素
    D. 降钙素
    E. 钙通道阻滞药

(94~98题共用题干)

患者,女,73岁,因不自主震颤3年而就诊,检查肢体远端震颤明显,肌张力轮样增高,肢体活动少,始动困难,面部表情少,瞬目频率慢,行走步态不稳,呈紧迫、细碎、拖地状。于医院就诊后诊断为帕金森病。医生给予药物治疗为左旋多巴、卡比多巴联合用药。

94. 左旋多巴+卡比多巴治疗帕金森病属于
    A. 提高药物疗效
    B. 减少不良反应
    C. 治疗多种疾病
    D. 延缓细菌耐药性的产生
    E. 促进机体利用

95. 帕金森病的3个主要临床特征是
    A. 面具脸、静止性震颤、运动减少
    B. 静止性震颤、肌张力增高、运动减少
    C. 慌张步态、肌张力增高、写字过小症
    D. 静止性震颤、运动减少、病理反射
    E. 静止性震颤、慌张步态、肌张力增高

96. 帕金森病治疗中下列哪项用药原则是错误的
    A. 增加多巴胺的作用
    B. 减少乙酰胆碱的作用
    C. 从小剂量用起
    D. 必要时增加溴隐亭
    E. 增加乙酰胆碱的作用

97. 帕金森病患者用于震颤麻痹病因治疗的药物是
    A. 安坦
    B. 安定
    C. 左旋多巴
    D. 新斯的明
    E. 利血平

98. 对于震颤麻痹的病人哪类药物是禁止使用的
    A. 金刚烷胺
    B. 抗胆碱能药物
    C. 单胺氧化酶抑制剂
    D. 多巴胺受体激动剂
    E. 吩噻嗪类药物

(99~100题共用题干)

某男性患者,57岁,既往高血压病史10年,与儿子吵架后突然起病,言语不清,左侧肢体无力,意识不清,查体:BP220/120mmHg,中度昏迷,瞳孔不等大,对光反射消失,强痛刺激,左侧肢体不活动,左侧巴宾斯基征阳性。

99. 该患者最可能的诊断为
    A. 缺血性脑卒中
    B. 脑出血
    C. 短暂性脑缺血发作
    D. 脑血栓形成
    E. 腔隙性脑梗死

100. 该患者的首选治疗方法为
    A. 止血
    B. 脱水
    C. 扩容
    D. 降压
    E. 预防感染

四、X型题（多项选择题）

答题说明

以下每一道考题下面有 A、B、C、D、E 五个备选答案。请从中选择二个或二个以上的正确答案。

101. 从事药学服务的药师需应对"投诉的类型"一般包括
   A. 退药
   B. 药品数量
   C. 药品质量
   D. 价格异议
   E. 服务态度和质量

102. 对哪些特殊患者应单设一个比较隐蔽的咨询环境
   A. 计划生育患者
   B. 妇产科患者
   C. 泌尿科患者
   D. 呼吸科患者
   E. 性病科患者

103. 下列药物中，可能导致听神经障碍的药物是
   A. 氯喹
   B. 依他尼酸
   C. 水杨酸类
   D. 两性霉素 B
   E. 氨基糖苷类

104. 临床使用盐酸多巴胺，不应与呋塞米配伍使用的原因有
   A. 盐酸多巴胺是一种酸性物质
   B. 盐酸多巴胺有一个游离的酚羟基，易被氧化成醌类
   C. 呋塞米注射液成酸性
   D. 呋塞米注射液与多巴胺配伍后溶液成酸性
   E. 呋塞米注射液容易使多巴胺氧化而形成黑色聚合物

105. 开展 ADR 咨询服务，有益于
   A. 提高医师合理用药的意识和能力
   B. 防范和规避发生 ADR 的风险
   C. 为上市新药审评和注册提供依据
   D. 为药物经济学评价提供理论参数
   E. 使医师了解对新药系统评价的信息内容

106. 下列哪些属于药师在特殊情况下需对患者用药进行提示的
   A. 患者同时使用 2 种或 2 种以上含同一成分的药品时；或合并用药较多时
   B. 需要进行 TDM 的患者
   C. 患者所用的药品近期发现严重或罕见不良反应
   D. 患者依从性不好时，或患者认为疗效不理想、剂量不足以奏效时
   E. 当一种药品只有一种适应证时

107. 尿沉渣管型异常，见于
   A. 急性肾小球肾炎
   B. 慢性肾小球肾炎
   C. 肾病综合征
   D. 急性肾盂肾炎
   E. 慢性肾盂肾炎

108. 以下疾病中，可能引起血清中磷酸激酶升高的是
   A. 妊娠反应
   B. 多发性肌炎
   C. 病毒性心肌炎
   D. 急性心肌梗死
   E. 红细胞增多症

109. 以下所列药物中,不能引起一过性或偶见 ALT/AST 检查值升高的是
   A. 酮康唑
   B. 多黏菌素
   C. 伊曲康唑
   D. 泛昔洛韦
   E. 灰黄霉素

110. 检查尿液的目的包括
   A. 诊断贫血的重要指标
   B. 泌尿系统疾病的诊断,如泌尿系统感染、结石等
   C. 血液及代谢系统疾病的诊断,如糖尿病、胰腺炎等
   D. 职业病、急性汞及四氯化碳中毒
   E. 药物安全监测

111. 尿酮体增高,属于非糖尿病酮尿的有
   A. 糖尿病尚未控制,持续出现酮尿
   B. 婴儿儿童急性发热、腹泻中毒常出现酮尿
   C. 寒冷、剧烈运动后紧张状态出现酮尿
   D. 妊娠期低糖性食物出现酮尿
   E. 甲状腺功能亢进出现酮尿

112. 以下治疗荨麻疹的抗过敏药中,属于2代抗组胺药的是
   A. 苯海拉明
   B. 西替利嗪
   C. 阿司咪唑
   D. 咪唑斯汀
   E. 氯雷他定

113. 抗过敏药物治疗,口服的非处方药包括
   A. 盐酸异丙嗪
   B. 氯苯那敏
   C. 维生素C及乳酸钙、葡萄糖酸钙等
   D. 赛庚啶
   E. 富马酸酮替芬

114. 以下对互联网药物信息的评价项目,正确的是
   A. 系统性
   B. 新颖性
   C. 信息的归因性
   D. 信息的补充性
   E. 信息来源的权威性

115. 下述使用阿托品解救有机磷中毒的注意事项中,正确的是
   A. 出现阿托品中毒立即停用
   B. 阿托品中毒给予毒扁豆碱可拮抗
   C. 轻度与中度有机磷中毒可单用阿托品解救
   D. 重度有机磷中毒必须同时应用阿托品与解磷定等
   E. 中毒者病情缓解或达到"阿托品化"后改为维持量

116. 抗艾滋病药联合疗法(鸡尾酒疗法,cooktail therapy)的目的包括
   A. 减少HIV-I病毒载量和减低血浆HIV-RNA水平
   B. 增加机体免疫T淋巴细胞(CD)数量
   C. 调整产生耐药性患者的抗病毒治疗
   D. 减少药品不良反应的发生
   E. 延长患者的生命和提高生活质量

117. 以下哪些是药物变态反应的特点
   A. 与过敏体质密切相关
   B. 药物过敏绝大多数为先天获得
   C. 人群中多数人都有可能发生药物过敏
   D. 药物过敏状态的形成有一定的潜伏期
   E. 药物过敏再次发生有潜伏期

118. 治疗痛风急性期禁用的药物是
   A. 丙磺舒
   B. 别嘌醇
   C. 苯溴马隆

D. 阿司匹林
E. 泼尼松龙

119. 在空气中对药品质量影响较大的气体是
    A. 氮气
    B. 氧气
    C. 氦气
    D. 二氧化碳
    E. 惰性气体

120. 谷胱甘肽主要用于解救
    A. 丙烯腈中毒
    B. 氟化物中毒
    C. 一氧化碳中毒
    D. 重金属中毒
    E. 有机磷中毒

参 考 答 案

1. A	2. C	3. E	4. D	5. B	6. C	7. B	8. D	9. C	10. C
11. D	12. D	13. D	14. E	15. C	16. C	17. C	18. B	19. C	20. E
21. E	22. A	23. C	24. E	25. D	26. D	27. D	28. B	29. D	30. B
31. B	32. C	33. C	34. A	35. C	36. A	37. E	38. D	39. C	40. A
41. B	42. A	43. E	44. D	45. B	46. C	47. E	48. D	49. D	50. A
51. A	52. D	53. A	54. C	55. E	56. A	57. A	58. B	59. E	60. A
61. E	62. D	63. C	64. B	65. C	66. D	67. A	68. D	69. B	70. B
71. C	72. D	73. E	74. B	75. A	76. B	77. B	78. C	79. A	80. A
81. B	82. E	83. D	84. B	85. E	86. A	87. D	88. C	89. E	90. A
91. A	92. A	93. E	94. E	95. B	96. E	97. C	98. E	99. B	100. B

101. ABCDE　　102. ABCE　　103. ABCE　　104. AE　　105. ABCD
106. ABCD　　107. ABCDE　　108. BCD　　109. BD　　110. BCDE
111. BCDE　　112. BCDE　　113. ABCDE　　114. BCDE　　115. ADE
116. ABCDE　　117. ABDE　　118. ABCD　　119. BD　　120. ABCD